U0027840

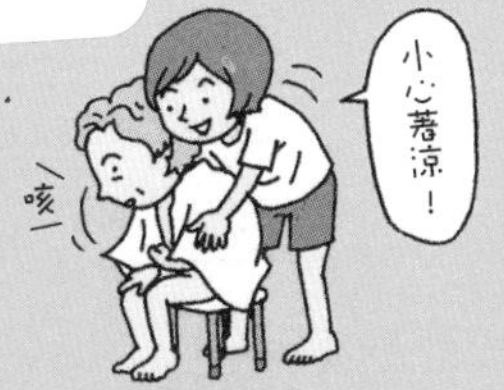

爸媽行動不便，我該如何好好照顧他？

學習18個兼顧人性化考量的飲食・排泄・沐浴・更衣・翻身照護技巧

在宅介護応援ブック 介護の基本Q&A

作者 三好春樹 編輯協力 東田勉
譯者 蔡麗蓉

前言

期盼不再有人臥床不起

我在二十四歲時踏入照護的世界，任職於特別養護老人中心。一路走來已四十年。去年，我家也開始需要照顧服務員（即俗稱的看護，亦簡稱照服員。工作的地方通常在醫療院所、護理機構、療養機構及其他社會福利機構或家庭內，協助病患、失能者或身心障礙者的生活起居事宜，提供身體、生活照顧及家事服務）。我九十歲的父親與八十八歲的母親，雙雙被認定必須接受照護。這使我體認到，他們即將展開一段前所未有的照護歷程。

四十年前，需要照護的年長者大多是臥床不起的老年人。當時，一旦因腦溢血倒下，皆會被醫師叮囑必須完全靜養。不僅復健的常識尚未普及，甚至想沐浴時，還會被醫師責備。

因此，即使是輕度麻痺，但能站立或行走的年長者也必須臥床，導致不少人因而罹患褥瘡，最後演變為失智症。

我當時任職的特別養護老人中心，不斷地設法幫助臥床不起的老人，是照護設施的先驅。所以，即使我是年輕的高中中輟生，他們仍願意錄用，令我十分感激。

若想避免年長者臥床不起，必須讓他們移乘至輪椅上。當時被統稱為「舍監」的女性照服員，正好因腰痛辭職休養，使得該中心長期人手不足；換言之，他們雇用我來負責勞力工作，我因此自嘲自己是「照護大力士」。

當時，臥床不起的老年人衍生出社會問題，長時間為臥床老人注射點滴的老人醫院（以老人治療及護理為主的醫院），開始備受媒體抨擊。

醫院是進行治療的場所，其任務就是讓病人臥床靜待康復。治癒疾病、使病人能夠自理生活，才是當務之急；然而，後來卻逐漸演變成即使是無法治癒的老人，也強制要求他們靜養。遺憾的是，這樣的醫療本質至今仍未有多大改善。

因此我認為，想解決臥床不起的問題，應該導入「復健機制」。不過，復健醫療的物理治療師或職能治療師人數稀少，在過去的年代，無法專為年長者進行復健治療。

後來，這兩種人員的人數急遽增加，我也是考取證照的其中一人。雖然年長者的復健醫療是現今社會的趨勢，卻也面臨新的問題：復健時依照治療師的指示，開始能夠站立與行走的年長者，回到照護中心或居家等生活環境後，卻退化成臥床不起的案例屢見不鮮。

鋸掉床鋪的四隻腳，比復健更重要

當我開始探尋箇中原因後，便立即發現癥結點。這是因為即使透過復健醫療，稍微提升了年長者的身體機能，但是他們的生活環境並不適合「老年生活」；因為在我們的社會中，並未顧及「老年生活」。

於是我開始為照服員舉辦「生活復健講座」。該講座最初的宣傳標語就是「鋸掉床鋪的四隻腳，比復健更重要」。

醫院使用的醫療床高度及腰，是為了方便醫師、護士治療照護。但是，無論在復健室做過多少次起身練習，一旦床鋪過高、雙腳無法著地，復健便毫無效果。

我也常聽到有人反應，希望加寬床鋪。因為年紀增長或半身麻痺的年長者，需要完全橫躺時，必須將手臂往外展開，頂著床墊才能起身。不管手臂多有力，假如床鋪太窄便無法施力。

雖然現在的看護床高度已經普遍降低，但是絕大多數的看護床寬度依然不及單人床。因此，雖然不少單位提供看護床出租的服務，卻似乎無法支持年長者自理生活，反而是妨礙他們正常生活。若想避免臥床不起，除了年長者自身需要改變之外，環境也必須符合需求。

此外，這些工作並不能仰賴復健科的治療師，而是要由從事照護的照顧者們協助；因為無論如何，所謂適合年長者的「環境」，正是他們日常生活的場所。

避免臥床不起，請別躺著進食；避免臥床不起，請別躺著排泄，甚至，也必須避免躺著洗澡。

二十八年來，我在「生活復健講座」中，不斷向負責照護的人員、醫生、護理師、物理治療師等專業人員傳達這些觀念。**不一定要透過醫療與復健，才能使生活過得比現在更好；想要過更好的生活，端看「現在擁有的能力」**。對年長者而言，年華只會一天天消逝，唯有「現在」最值得擁有。

我想將這種觀念的轉換與方法論傳達給居家照護的人們，於是在二〇〇三年出版了本書。除了在日本出版，也在韓國、台灣、中國等地出版，並登上暢銷排行榜，時隔多年後，終於又再次改版上市。

在改版的內容中，將「三大照護」章節以更簡單明瞭的「Q＆A」模式彙集成書，且同樣使用秋田綾子小姐繪製的插圖，在此由衷感謝。此外，本書為「居家照護支援」系列的第二本書，與前本著作《失智症照護Q＆A（暫譯，講談社出版）》一樣，與東田勉先生合作完成，感謝他的協助。

期盼不再有人臥床不起，讓照顧者也能喘口氣。

三好春樹

目錄

第3章 實用Q&A【排泄篇】

第1章 基本Q&A

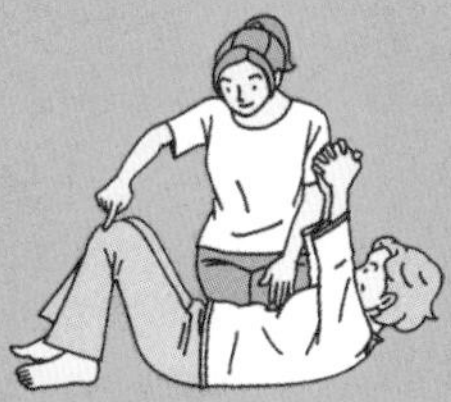

【照護篇】

照護時，若不知該如何協助年長者，
不妨先觀察自己的動作，再套用在對方身上，
即生理性協助，絕非一味的幫忙。

Q1

因腦溢血病倒的母親即將出院，該如何做準備？

原先一起同住，年近八十歲的婆婆，兩個月前因蜘蛛網膜下腔出血病倒，接受手術治療。當時緊急送往大型醫院的腦外科住院，最近醫師說再過幾天就可出院，現在我們反而不知所措了。

丈夫和我原以為婆婆會轉到復健專門醫院，所以毫無準備。當我們向主治醫師提出延長住院的請求時，醫師竟告訴我們：「病人已經無法再恢復健康了。」

為了左半身依舊麻痺的婆婆著想，請告訴我們該如何處理呢？

A

首先，要恭喜你們的母親已經度過生死攸關的危機，回復到能夠回歸社會的程度。由於醫院方面表示「已盡其所能」，因此接下來必須著重於日常生活上。你們可以做的事情有很多，請打起精神來好好面對。

首先需申請長照保險（編按：日本的長照保險屬國家保險，符合需求即可申請，台灣目前正在制定階段，可參考衛生福利部「長照2.0專區」網站），向院方提出申請需求。若在住院期間接受評估，需協助照護的程度分數會較高，較為「有利」。申請結果會在一個月後通知，長照保險便可提前使用。（編按：台灣未來也會依被照顧者的照

護需求，區分不同等級，共8級，可依等級申請不同的長照服務。）

床鋪要夠寬，太窄不易起身

此外，若母親以前是睡在日式床墊上，現在還能輕鬆地從地板或榻榻米上起身，請保持這種生活習慣，繼續睡在日式床墊上。早上睡醒後，將日式床墊整理妥當，白天要離開床墊生活。

假如過去一直睡在床鋪上，或是起身有困難，則請盡量睡在床鋪上。此外，如果有使用輪椅的需求，為了方便換乘，也建議改睡在床鋪上較好。

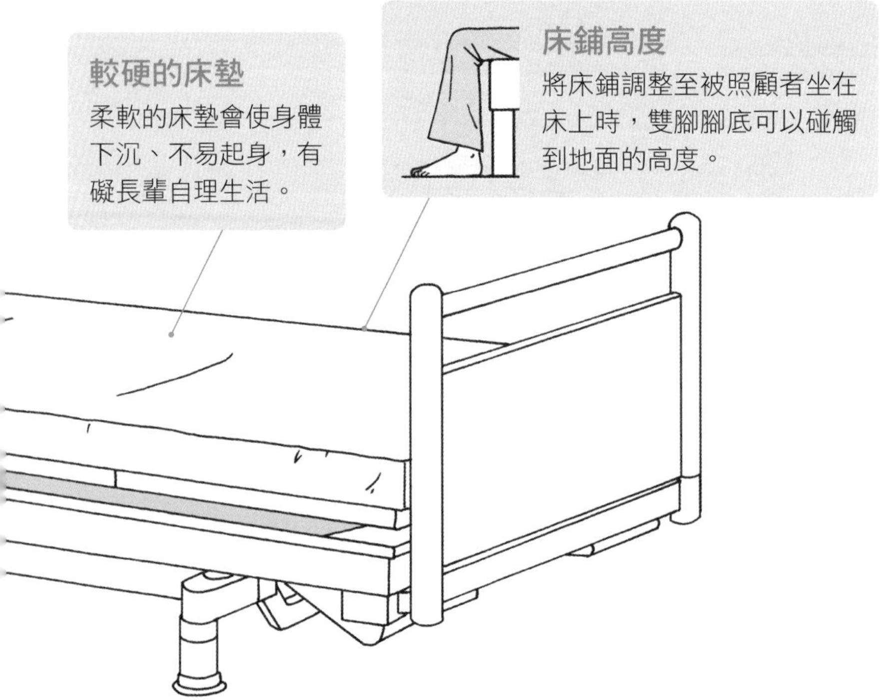
較硬的床墊
柔軟的床墊會使身體下沉、不易起身，有礙長輩自理生活。
床鋪高度
將床鋪調整至被照顧者坐在床上時，雙腳腳底可以碰觸到地面的高度。

床鋪的選擇非常重要，攸關照護的品質。即使家中有母親過去使用的床鋪，建議仍需參照下圖，確認床鋪是否適合照護，假如不適合，請重新租用或購買。只要使用能夠滿足這些條件的床鋪，就能依照第二十八～三十五頁的方法起身，也能抓著輔助扶手移乘至輪椅上。

因此，床墊的寬度至少須達一百公分。雖然較寬的床鋪較佔空間，改使用電動床升高背部，似乎可讓被照顧者和照顧者更輕鬆，但是，**睡在狹窄的床上、依賴電動設備起身，可能會導致臥床不起**。

為了避免年長者白天臥床不起，請不要使用電動床的背部升高功能。

選擇較寬的床鋪

床墊寬度須達 100 公分，太狹窄則無法翻身。

輔助扶手

從床上移乘至輪椅或移動式便座時，一定會使用扶手，請裝設在長輩身體能自由活動的那一側。

床下的空間

人的雙腳必須往後縮才能起身站立，因此床下需保留空間，以利雙腳向後縮。

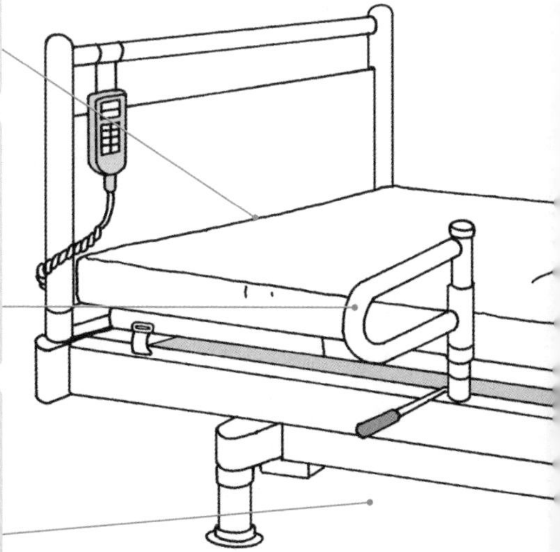

依被照顧者的身體狀況，選擇輪椅

輪椅有許多種類，應配合被照顧者的狀態來選擇。決定輪椅的種類後，其次要注意的是尺寸。**座墊過寬會無法固定姿勢，請選擇坐下後，臀部兩側分別多出約二至三公分的輪椅。**

輪椅是協助移動的工具，並非長時間久坐的椅子；因此，白天請務必移至客廳的沙發或椅子上。尤其是用餐時，應養成坐在餐椅上的習慣。

因此，選擇容易移乘的輪椅非常重要；建議挑選將扶手或腳踏板取下後可方便移乘的輪椅，不妨詢問照護用品專門店，是否有出售或出租該類型的輪椅。

手動式輪椅

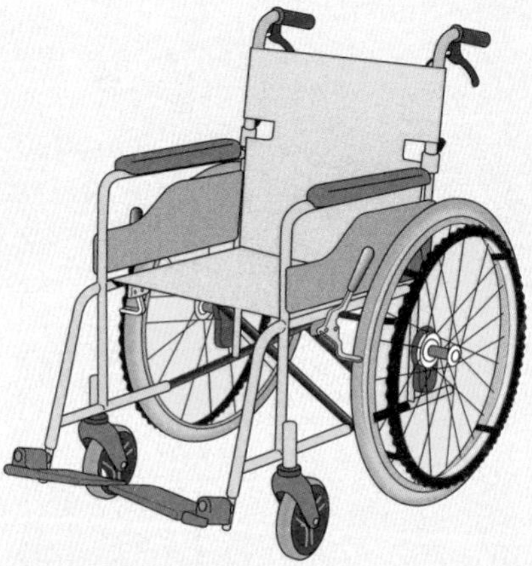

附有被照顧者可自行推動的手扶圈，以及照顧者手推的把手和手煞車，為一般常見的照護輪椅。

室內專用輪椅

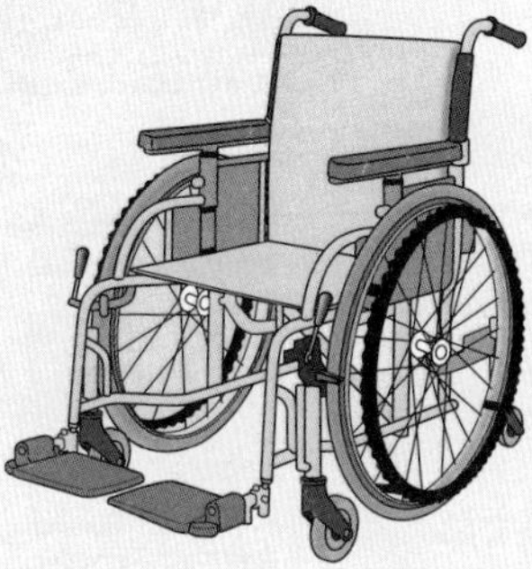

主輪前後設有輔助輪的六輪輪椅。旋轉半徑較小，適合在室內使用。另有可自行用腳滑動的低座高型。

照護專用輪椅

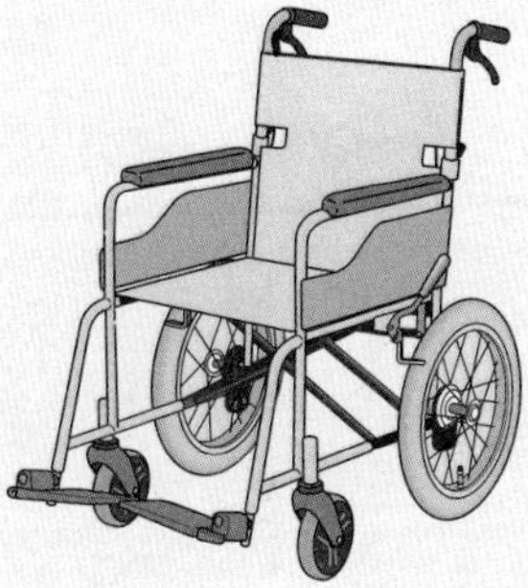

無法自行移動，須由他人推行的輪椅。輕巧且方便收納，但因車輪較小，不利於在凹凸不平的路面上使用，也不適合身材魁梧的人乘坐。

傾斜式輪椅

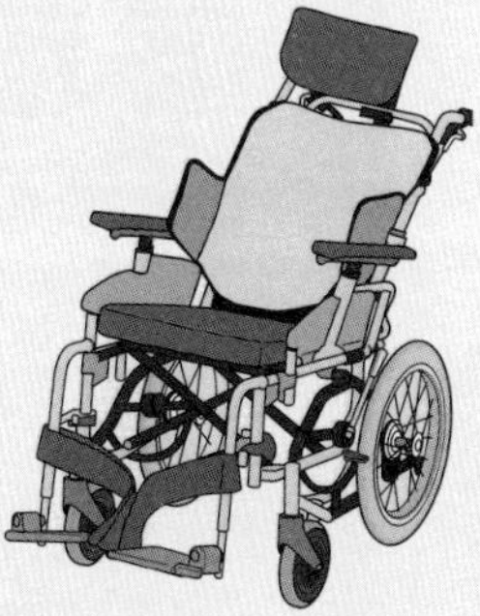

無須改變椅背與座墊的角度，即可將背部傾倒。此為不便保持坐姿者、後背彎曲者專用的輪椅。

躺式輪椅

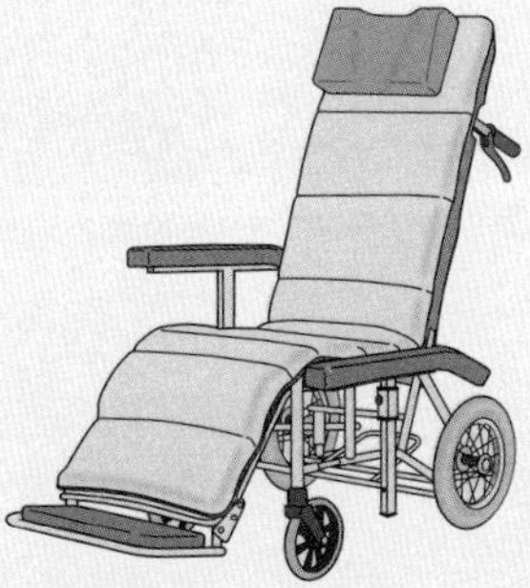

椅背較長，可自由往後傾倒。長期臥床者、無法抬高上半身者，及身體狀況不穩定者專用的輪椅。

Q2

母親已開始照護父親，請問最需要注意什麼呢？

我是長子，在父母老家土地另蓋一棟房子居住。

父親因為腦溢血後遺症的緣故，達到需要照護的程度。他的生活起居皆依賴母親照顧，但是無法隨心所欲活動身體的父親，一遇到雞毛蒜皮的事情便大動肝火，讓母親相當為難。

雖然想給他們一些建議，但是我和妻子都沒有照護的經驗。請問居家照護時，應該注意哪些事項呢？請告訴我們最基本的照護方法。

A

腦溢血或其他因素導致半身麻痺的年長者，從醫療機構轉出時，往往很難扭轉觀念。因此，出院後持續不斷的復健生活，將完全剝奪他們的人生樂趣。

照護時，最重要的就是讓被照顧者放棄「做不到的事」，運用現有的能力來享受人生。讓被照顧者擺脫「患者」的心態，以一個普通「正常人」的角度，秉持「沒有任何訓練優於日常活動」的觀念，運用現有的身體機能，從被動的生活中走出來。

請被照顧者自己完成「做得到的事」，對於做不到的事，照顧者也不能搶著協助，切記，請等到被照顧者無法自主行動時，再幫他一把。凡事靜觀其變，才能大幅提升照護的品質。

如果被照顧者可以做得到的事情與日俱增，照顧

者也能樂得輕鬆，更可維護被照顧者的尊嚴，使他們變得更開朗。

接受日照服務，能避免在家繭居

長輩開始需要照護，和突然退休的狀況極為相似。無論男女，一旦退休、停止工作後，許多人都會煩惱自己沒事做，便會談到「今天要做什麼」與「今天要去哪裡」等問題。

一直待在家中
要不要到外面走走？
沒事……
囉嗦啦！我現在這樣，才不要被別人看見！
知道了、知道了
要不要去旅行？
哪有錢去！
……
關係惡化
浮躁不安

假如被照顧者足不出戶，與照顧者的關係多半會缺乏調劑，因此請找一些理由，讓被照顧者出門接受「日照服務」吧（即白天前往專業日間照護中心，接受用餐、沐浴等生活上的照顧，晚上再回家）！男性通常不喜歡出門接受照護，建議可找提供三至五小時（無用餐、無沐浴）的半天服務，包括復健、打麻將、足浴等男性偏好的服務內容等，如此一來，他們就不會認為自己是在接受照護。另外，也可接受朋友邀約，參加各類聚會。

若在家沐浴不方便，也可用沐浴為理由，建議被照顧者接受日照服務。若能讓被照顧者把日照中心視為「健康樂園」，或許就能成功誘使被照顧者出門。

讓被照顧者負責一些工作

若想檢視居家照護是否合格，端看「能否讓被照顧者負責某些工作」而定。有些照顧者常誤以為「體貼被照顧者」就是協助他處理所有事情。這樣一來，不但會使被照顧者的身體機能退化，也會讓他感覺「我只能被人照顧，是個沒用的人」而感到悲觀，善意反而造成反效果。

左側漫畫中的例子較為極端，不過最好還是要多少強迫被照顧者，請他負責一些工作。

如果年長者能夠定期至日照中心，則建議與日照中心人員商量，讓年長者負責一些工作。

負責家中部分工作
瞄
負責監視照顧服務員
這個幫您整理在一起
嗯
負責接待居家復健員
好痛唷！
要慢慢伸直喔！
負責接待訪視志工
本來就是這樣
您說的沒錯呢！
如果沒有我，好多事無法完成呢！
充實
我回來了～

工作的前提條件則包括這三項：❶**被照顧者過去曾做過，或類似的工作；**❷**現在仍舊做得到的工作；**❸**工作完成後，能夠獲得旁人感謝的工作。**

其中，第二項條件最為重要，即使是被照顧者過去做得到的工作，仍須謹慎確認其現在的體力或能力是否可負荷，再讓他嘗試。工作內容可以是「每天早上從信箱中將報紙取出」這類不需要說話的行為（此時，照顧者要盡全力向被照顧者說些慰勞的話），並盡量尋找可和他人交流的工作。

Q3

目前已照護三個月，請問我該如何做才不會腰痛呢？

我是二十八歲的女性，三個月前開始照護同住的祖母。祖母八十五歲了，健康狀況並無大礙，但是很虛弱，各方面幾乎都需要由他人照護。

雖然祖母身材瘦小，但由於我沒學過照護技巧，因此我的腰部每天都很痛。請問照護長輩時，怎麼做才不會腰痛呢？

A

照護年長者時，**最重要的就是不要將對方當成「物品」來對待**，只要年長者不是毫無意識或重度四肢麻痺，就仍有力氣活動，因此照護時應該善用被照顧者的力量。

如果將對方當成物品，年長者原有的身體機能將提早退化，因而加重照護的負擔，造成照顧者腰痛，對彼此而言都不好。

在年長者接受照護前，若能正常翻身、起身、站立，此時照顧者應該要做的工作，就是讓年長者再度回歸過去的日常生活，並從旁協助即可。如此一來，照顧者就不容易腰痛了。

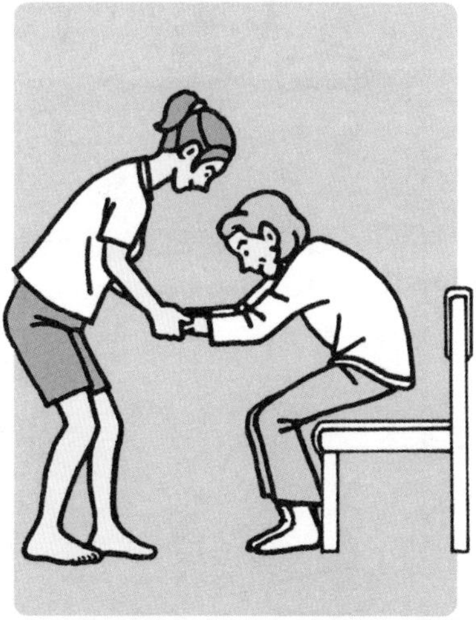

請年長者把雙腳往後縮，將身體向前傾，臀部就會抬起。

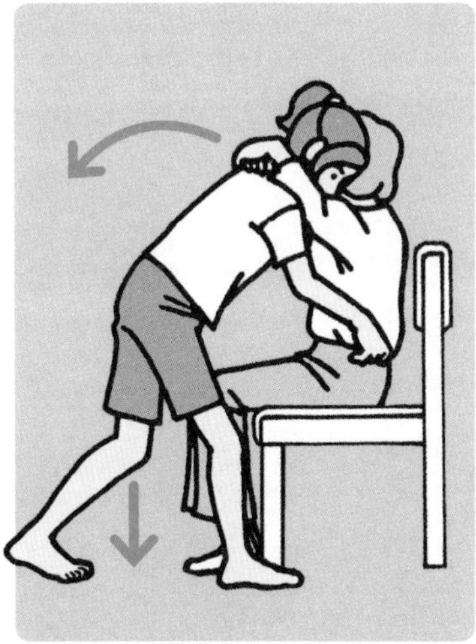

身體不要緊貼，再將膝蓋往下移動，就能引導年長者做出向前傾的動作。

基本照護❶ 翻身照護法

若照顧者想單獨將睡著的年長者翻面側睡，無疑會造成腰痛。「協助」是在對方進行正常行動時相助，所以照顧者必須先引導年長者做出動作。左方插圖中就是一般人平時會下意識進行的「翻身三步驟」。

翻身三步驟

①雙膝立起

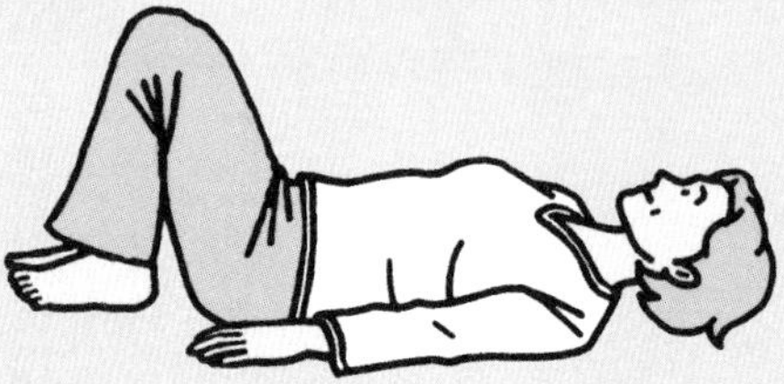

雙膝併攏，再將雙腳腳根挪近臀部。

②雙手抬高

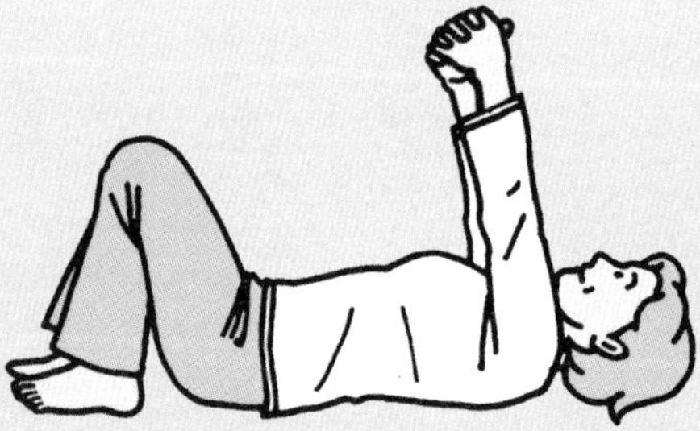

盡量抬高雙手，再將十指交握。

③頭部、肩膀抬高

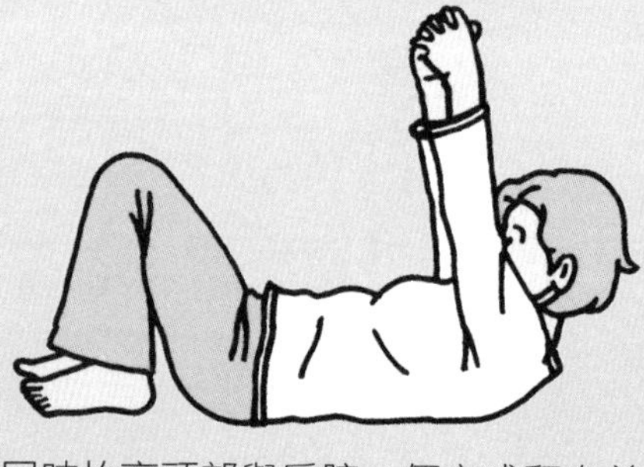

同時抬高頭部與肩膀，便完成翻身前的預備動作。

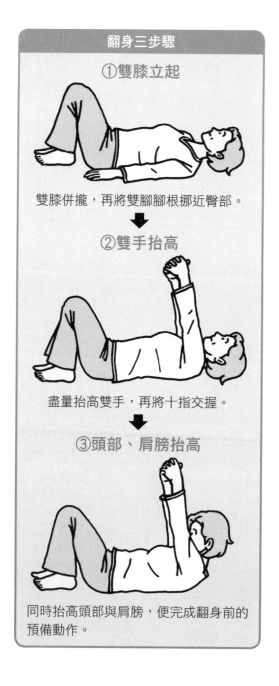

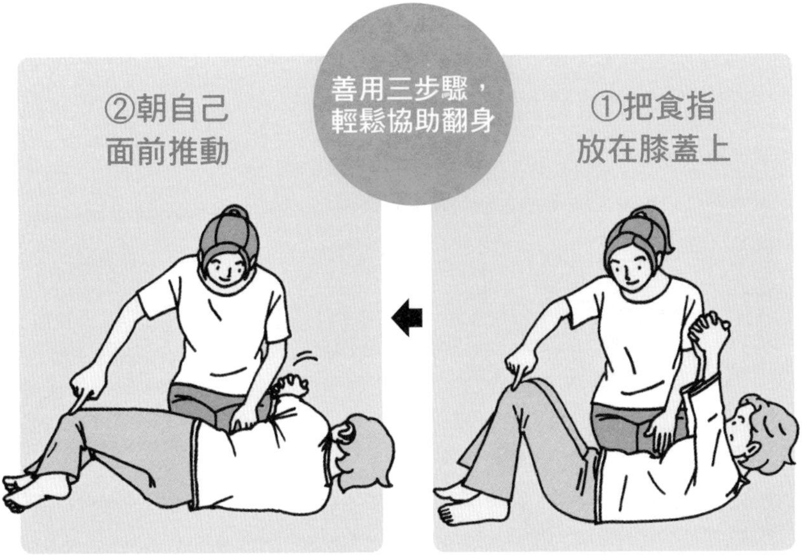
善用三步驟，
輕鬆協助翻身
①把食指
放在膝蓋上
②朝自己
面前推動

協助翻身時，請年長者在能力範圍內，完成「翻身三步驟」的姿勢。照顧者則位在翻身側稍偏上半身的地方（即肩膀與腰部的正中央），然後輕輕地將年長者往自己面前推動即可。

如上圖所示，如果年長者能夠自行完成翻身三步驟，接下來就只需要用手指將他的膝蓋頭往自己面前推，就能輕鬆協助翻身。即使做不到三步驟的其中一項，只要請年長者與自己合作，協助翻身應該會輕鬆許多。而且，這些動作是仿照自然的翻身，對年長者來說，也是一種自主翻身的復健訓練。

人類生活中的動作，大多數為「壓」的動作，因此協助年長者自理生活的基本原則，就是照顧者要做出「推」的動作。

基本照護❷ 起身照護法

本段介紹的是幫助年長者起身的「半套協助法」（僅協助提供部分力量）。同樣地，善用年長者本身的力量，照顧者僅協助他們力量不足的部分，此原則依舊不變。

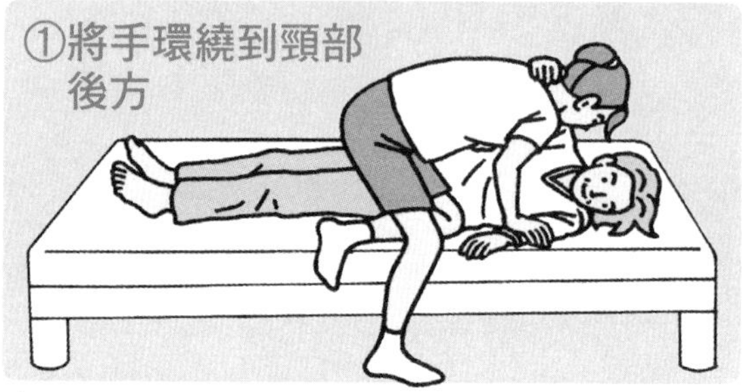

把手環繞到彼此的頸部後方，照顧者輕壓年長者另一側手肘的手臂。

⬇

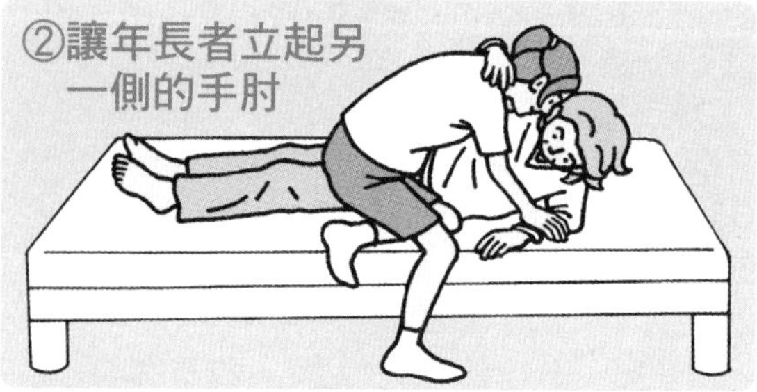

照顧者將支撐的頭部稍微往面前拉近，讓年長者能夠立起手肘。

⬇

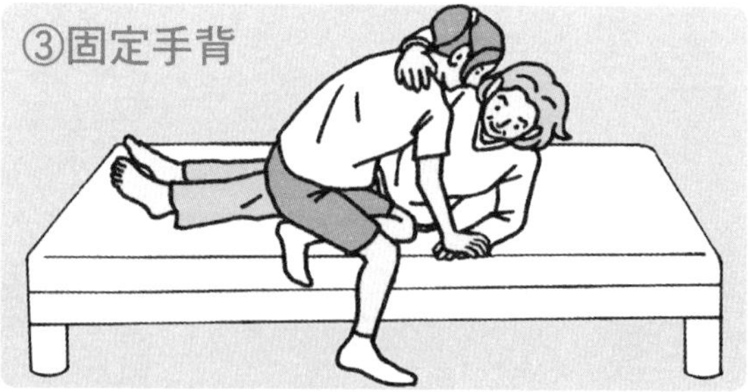

待年長者立起手肘後，照顧者把自己的手掌移放在年長者的手背上。

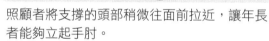

照顧者請年長者將手肘伸直，支撐他起身。

起身時，記得請年長者將頭部往前移動，而非向上移動。只要把頭部往前移動，手肘就會伸直而得以起身。

④請年長者伸直手肘

當年長者伸直手肘時，提醒他「頭部向前移動」，以免往後傾倒。

⑤請年長者將頭部往前移動

直到年長者上半身完全立起為止，照顧者都不能鬆懈，須一直支撐。

⑥起身

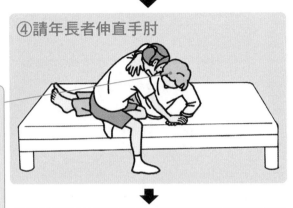

基本照護❸ 站立照護法

協助長輩站立時，請勿緊貼他的身體，應保持距離，並從下方伸手幫忙，只要學會這個方法，就能避免腰部疼痛。重點在於膝蓋的屈伸，腳和肩膀須接觸年長者，並用腰部支撐，當年長者開始站起身時，再配合當下的動作，利用膝蓋屈伸，一起慢慢地站起來。

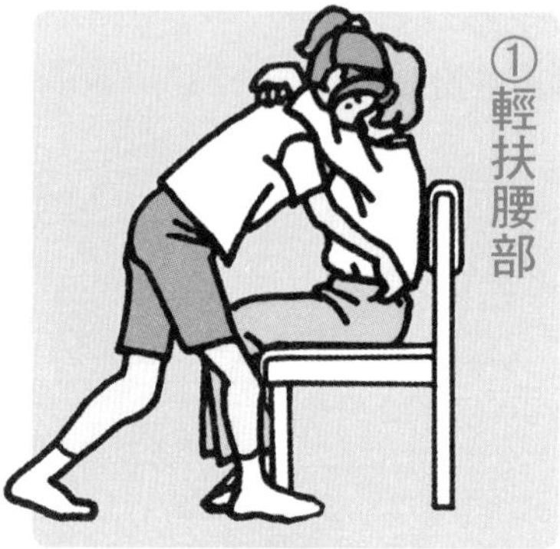

請年長者雙手環繞照顧者的頸部，照顧者再用雙手輕扶年長者腰部。

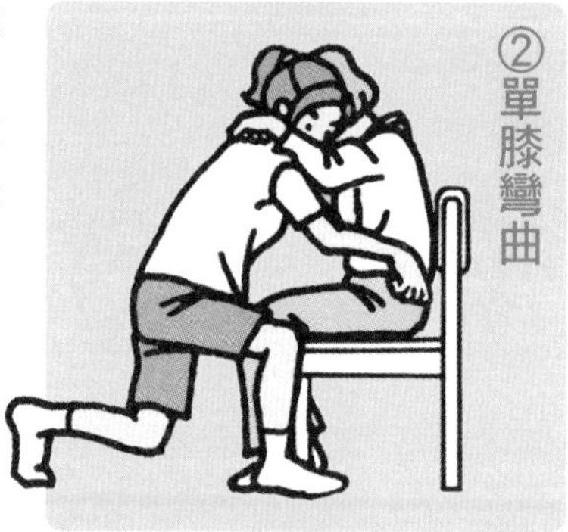

照顧者單膝彎曲貼地，同時引導年長者將身體往前傾。

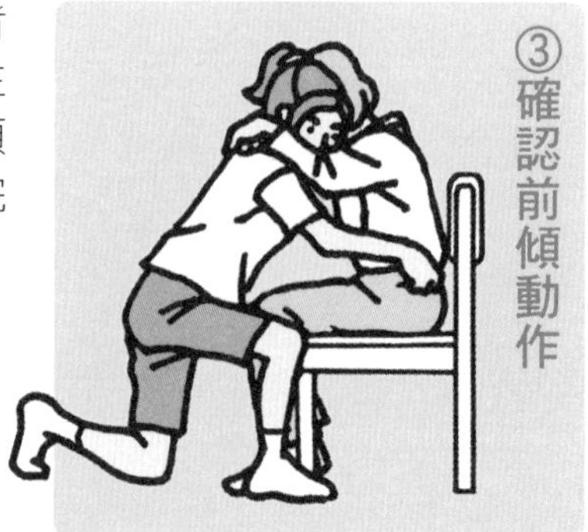

確認年長者的腳是否往內縮，及頭部是否可完全往前移。

④腰部稍微拉提

當年長者身體再往前傾且臀部抬高的瞬間，照顧者稍微拉提年長者的腰部。

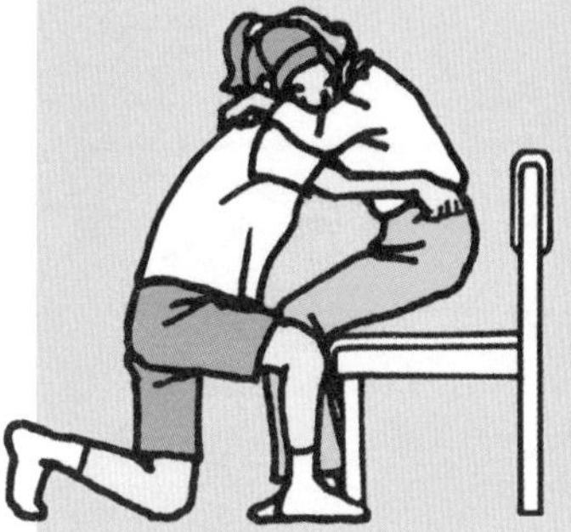

⑤膝蓋伸直後站起身

將膝蓋慢慢伸直，配合年長者的動作站起來。

⑥直立站姿

確認年長者是否站直，而不是往斜上方站起。

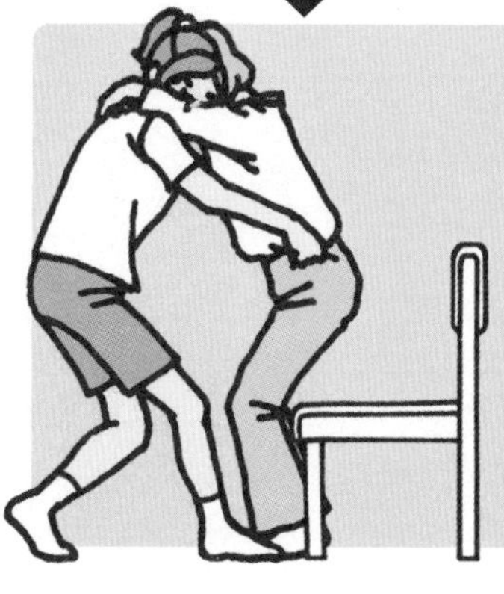

年長者站立時，若沒有東西可抓住便會感到害怕，因此會扶住身旁的物品。然而這樣便無法引導年長者以正確的姿勢站起來，為了讓年長者安心，別忘了適時提醒他往前傾。假如照顧者用手臂的力量，將年長者身軀往上拉，將會導致腰痛，**請以「協助年長者一起站立」為目標，而非只是「協助他站起來」而已。**

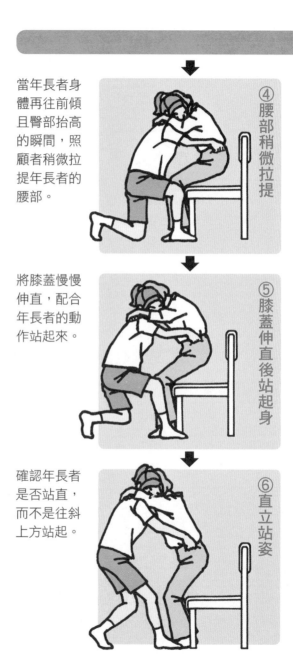

基本照護❹ 移乘照護法

從床上移乘至輪椅，是照護過程中頻率最高的工作。由於站立的動作會接續坐下的動作，因此請確實學習正確的照護方法。

①輕扶腰部

請年長者雙手環繞照顧者的頸部，照顧者再輕扶年長者的腰部，將自己的膝蓋彎曲。

↓

②膝蓋伸直並站起

單腳伸進年長者的膝蓋之間，在膝蓋伸直的瞬間站起來，將年長者往自己面前拉。

↓

③轉動年長者的身體

請年長者靠著照顧者，並將其身體轉向輪椅。

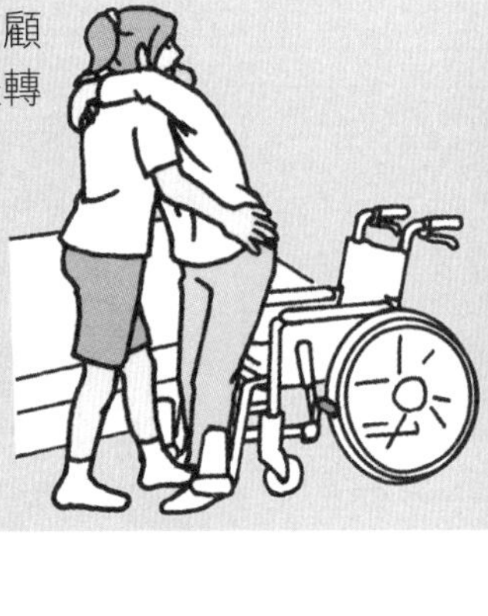

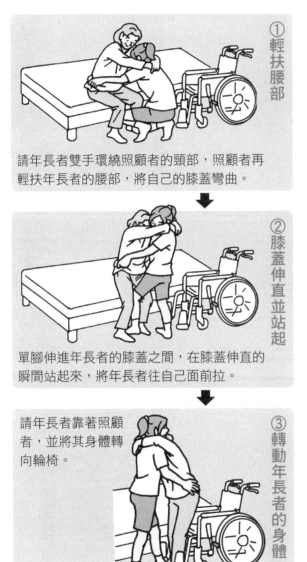

④膝蓋彎曲

待年長者靠著照顧者後，再慢慢地彎曲膝蓋。

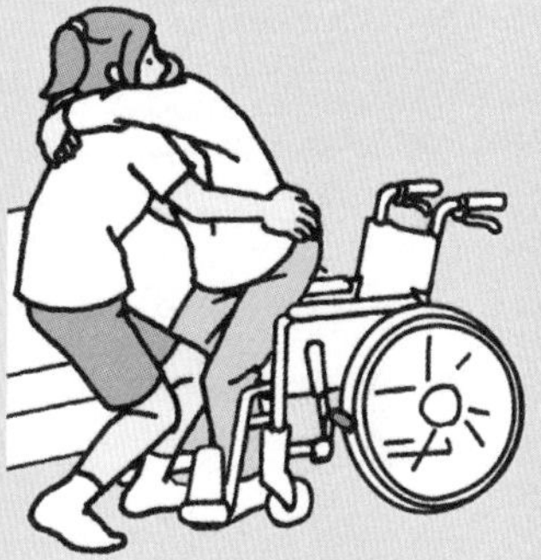

⑤腰部往下移動

照顧者彎曲膝蓋的同時也彎腰，使年長者身體往前傾。

⑤請年長者坐下

在年長者的臀部坐到椅墊前，提醒他即將坐下。

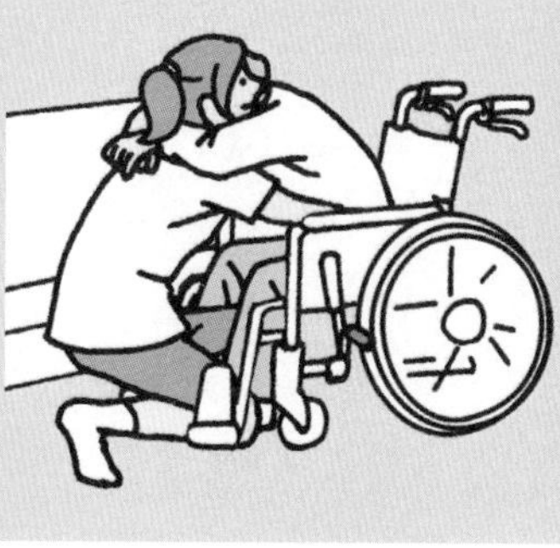

協助站立與坐下的一連串動作都相同。不要用手臂的力量將臀部抬高或放下，要請年長者自行將頭部往下移動。切記讓年長者身體確實往前傾，以免他缺乏安全感。並對年長者說「請您靠著我」、「放心，我很強壯」，讓年長者安心接受協助。

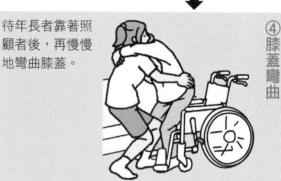

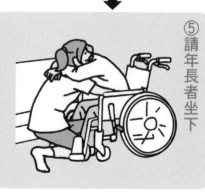

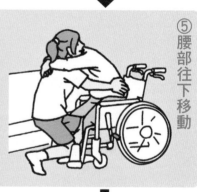

專欄❶ 透過觀察自己的動作，協助年長者

我二十四歲時，從未聽過「照顧服務員」這種工作，就進入特別養護老人中心任職。從前的職稱是「生活指導員」，但工作內容是照護，例如早上協助離床（幫助入院者離開床鋪，移乘至輪椅上），下午則是協助特殊沐浴（躺著進入機器，幫年長者洗澡的服務）。

但是，我並不具備照護知識與技術，更不曾進修過，在當時，根本還不清楚照護的本質。所以我只能靠自己揣摩照護的方法。當時的我一直思考，究竟應如何協助翻身。最後，我從觀察自己如何翻身做起。

結果發現，當我向右側翻身時，把左腳的膝蓋稍微往上抬高，再往右側傾倒後，就可以扭轉身體，這樣便能連同上半身一起往右側翻過去。作法可因人而異，不靠腳翻身的人，也可將左手往上舉高，先將頭部轉過去。

發現這點後，我開始請被照護的年長者，將雙膝、雙手、頭部抬高以利照護。至於半身麻痺者，運用健康的那一側做動作即可。

後來我又發現，只要稍微出力輕推膝蓋頭，就能協助翻身。不僅如此，有時年長者無須協助，也能自行輕鬆翻向側面。

接下來，起身又該怎麼做呢？站立又要如何協助呢？我便依照這種方式，協助許多老年人擺脫臥床不起的命運。

不知道如何協助照護時，請先觀察自己日常生活的動作，再試著將這套方法套用在年長者身上。此即所謂的「生理性協助」；「生理性」指自然的狀態，絕對不是物理性的協助。

第2章 實用Q&A

【進食篇】

讓年長者保有食慾，且能端正坐在椅子上用餐很重要，
只能要自己進食，照顧者就別搶著餵食，
這才是符合人性化的居家照護。

Q4

長輩不喜歡由他人協助進食，該怎麼辦？

我母親半年前因腦部疾病，導致半身麻痺。

自此之後，她吃飯時一定會吃得到處都是，所以目前由我幫忙照護。但是，最近母親開始不喜歡由別人協助她進食，用餐時總是拖拖拉拉，令我很傷腦筋。

雖然母親提出想要「自己吃飯」，但其實她的手無法自由活動，且判斷力下降，根本無法好好進食。

我究竟該怎麼做才好呢？

A

我想您應該是個性嚴謹，全心投入照護母親、極為誠懇的人。全心投入照護的人，一看到年長者吃飯灑了一地，且動作又不靈活，就會忍不住想協助餵食。這是一種出於關愛與體貼的行為，「希望年長者充分攝取營養」，或是「希望年長者可以吃得乾乾淨淨」。然而，這種體貼的行為真的是為了被照顧者著想嗎？若從這個角度思考，事實並非如此。

正確的照護方式應該是，**「有迫切需要時再協助進食，盡量讓年長者自行用餐」**。

事實上，一般人對於協助進食一事，確實有許多誤解，認為基本作法就是用湯匙舀取食物，請年長者張開嘴巴後，再將食物送進他的嘴裡。

所以，當年長者為了進食而手腳稍微不靈活時，就誤以為協助他進食才是正確的作法。

我自己吃就可以了。
雖然妳這麼說，但總是弄得一團糟呀！
聽話，把湯匙給我！

但是，請設身處地思考。乾杯時，能夠自己大口暢飲啤酒的人，和必須請別人幫忙才能喝下啤酒的人，兩者相較之後，不難想像在他人協助下用餐，必定索然無味。

年長者都是靠一己之力在社會上打拚數十年，是經驗豐富的成年人，與剛出生時凡事無法自理的嬰兒截然不同。**深知自行用餐才美味的年長者，終究還是想要自己進食。只要能夠理解他們的心情，就會明白這並不是他們排斥協助，而是人類正常的心理機制，照顧者的心情也會輕鬆許多。**

做太多造成惡性循環
把嘴巴張開，多少吃一點嘛
咬
真是拿你沒辦法，我自己也要吃飯了
咔吱
咔吱
啊！你怎麼又用手抓了！
你看啦，弄得這麼髒
根本不覺得有吃進去……

一旦過度協助，有時也會引發其他問題，需要特別留意。

無論年長者是否還有力氣可以自行進食，有些人會覺得「不方便所以凡事由別人協助」，於是變得相當依賴。這樣一來，身體沒用到的機能將逐漸退化，所以原本可以做得到的日常行為也會慢慢變得無法完成，最終甚至有人會演變成臥床不起。過度的善意最後恐怕會剝奪年長者的可能性，因此僅在迫切需要時提供協助，這點可說是居家照護的鐵則。

自己進食，比吃得乾淨更重要

想讓半身麻痺的母親自行用餐，首先身為照顧者的諮詢者，以及全家人都必須改變觀念。具體來說，就是要讓周遭的人了解，「自己進食比吃得很乾淨更重要」。

請先留意正確的用餐姿勢（請參考五十二頁），而且要想辦法將食物烹調成容易進食的狀態（請參考六十三頁）。如果這麼做之後年長者還是無法好好進食，**不如乾脆將米飯或配菜改成可以用手抓來吃的食物**。

用手抓來吃看起來很沒禮貌，所以不了解看護本質的人難以理解，有些人還會排斥，認為這樣「很髒」、「看起來很可憐」。但是**對於手無**

用手抓食物感覺很髒，且很可憐
不行啦

有食慾最重要，自己進食最美味了
好吃嗎？

法隨心所欲活動的人而言，用手抓來吃可以分次適量地，依照自己的步調攝取喜愛的食物，是種很理想的進食方式。就連由照顧者協助進食時感到索然無味且食慾全失的人，一旦改成用手抓來吃之後，對於飲食的興致便恢復了。

照顧者應謹記「只要能從嘴巴進食，無須拘泥任何型式」的態度與觀念，這樣也能讓被照顧者快活許多。

如何在不妨礙的情形下，協助進食？

縱使無法自己好好進食，很多人只要旁人稍微出手協助，即可自行無礙地用餐。此時**切記要顧慮到「不要剝奪被照顧者自己進食的感覺」，再出手協助**。若疏忽這點，照顧者插手協助的時間將一天多過一天，不知不覺間，或許就會變成全面餵食的狀態。

究竟「協助用餐但不剝奪被照顧者自己進食的感覺」，具體而言應該怎麼做呢？現在就提供原本為右撇子的年長者，變成半身麻痺的例子給大家參考。

①支撐患側手部

假設要用吸管喝鋁箔包飲料，被照顧者僅以左手拿取時，照顧者要扶著右手手肘，促進右手活動。

②以患側手部進食

由於右半身麻痺，無法以慣用手拿取湯匙。因此照顧者的手要協助年長者的手，協助其完成接近進食的行為。

③姿勢要向前傾

穩坐在椅子上，調整桌子的高度，使年長者能呈現前傾姿勢。只要這樣做，即便使用麻痺的手也可容易進食。

④自行改變姿勢

全面協助用湯匙將食物送進口中時，有些人會往後仰，但是這些人只要讓他們自己進食，就會將身體往前用嘴巴去接觸食物。

利用方便的工具，自行進食

過去幾十年都能如常活動身體過生活的年長者，身體突然無法活動自如時，會形成非常大的壓力。正因為如此，倘若在家人體貼照顧下，三餐都協助餵食，反而會令他們索然無味，感覺難受，這點已為大家說明過了。

因此體諒年長者「自己動手才好吃」的想法，讓他們拿著普通筷子或湯匙自行進食，**有些人反而會覺得吃飯的過程像在接受訓練一樣，使用餐變成苦差事，須特別注意。**

此時可仰賴方便的工具。大家知道在照護的世界裡，有推出專為半身麻痺的人也能輕鬆使用的餐具嗎？本篇將為大家介紹各式各樣的照護餐具。以半身麻痺者來說，建議將餐具放在附有止滑功能的托盤或餐墊上，再開始使用，便可容易進食。

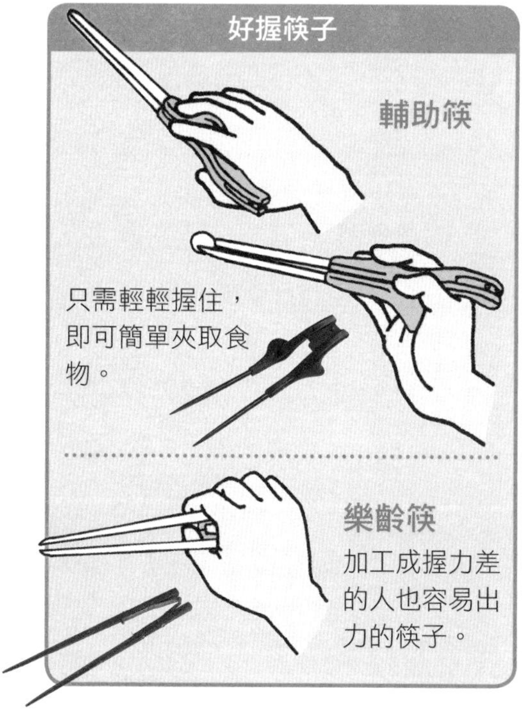

輔助湯匙、叉子

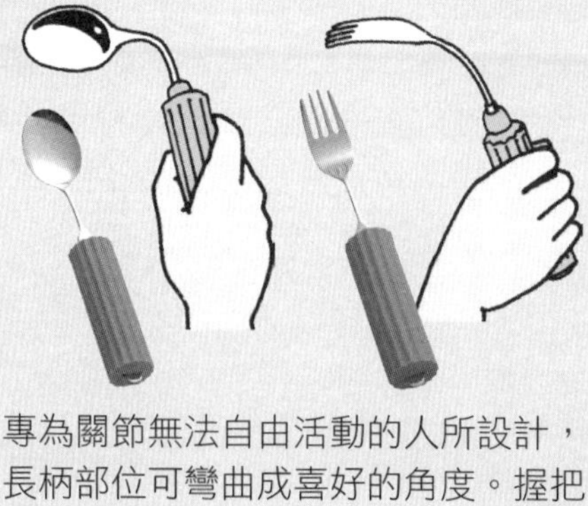

專為關節無法自由活動的人所設計，長柄部位可彎曲成喜好的角度。握把也有特殊設計，方便沒有握力的人拿取使用。

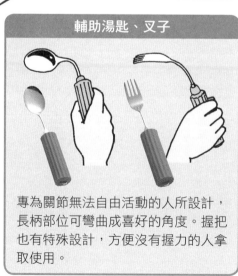

照護時，最常使用的餐夾

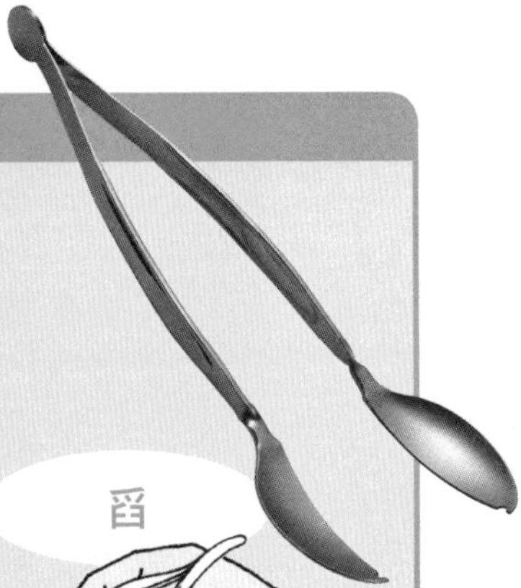

餐夾

屬於多功能餐具，可變成湯匙，也能用作刀叉。只要開闔握把，無需出力且使用簡便。

刺

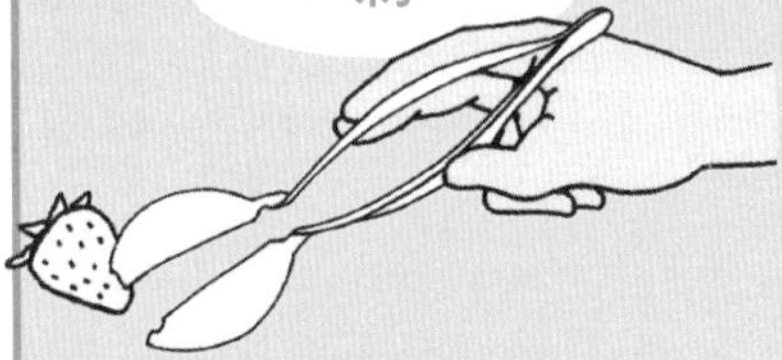

將前端部位當作叉子使用。

舀

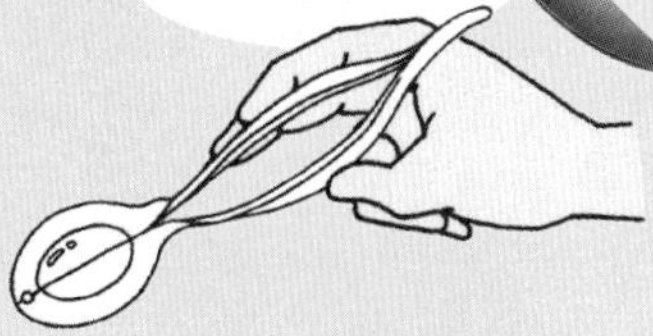

將前端闔起來當作湯匙使用。

盛

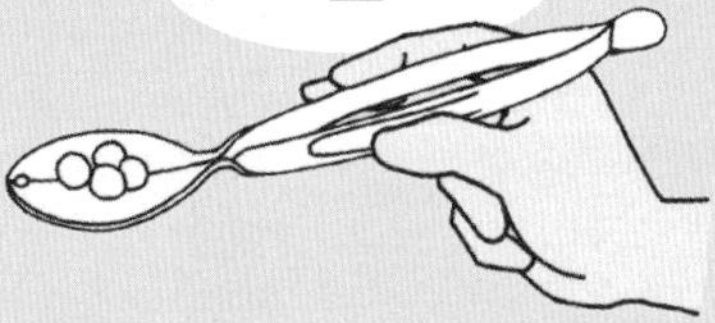

可盛裝不易夾取的小塊食物。

夾

當作夾子使用。

拉

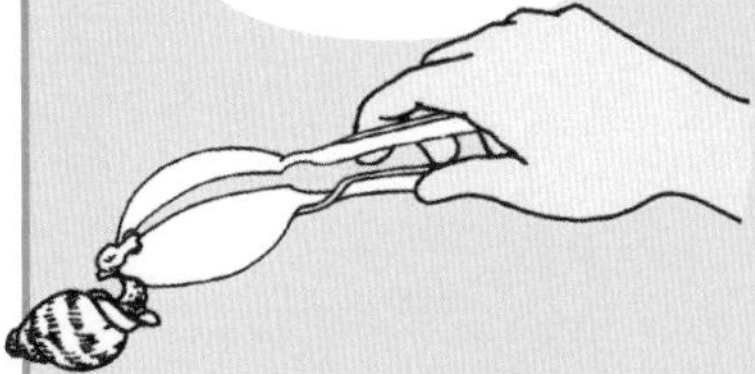

類似螺貝難以取出的食物，可以夾著拉出來。

切

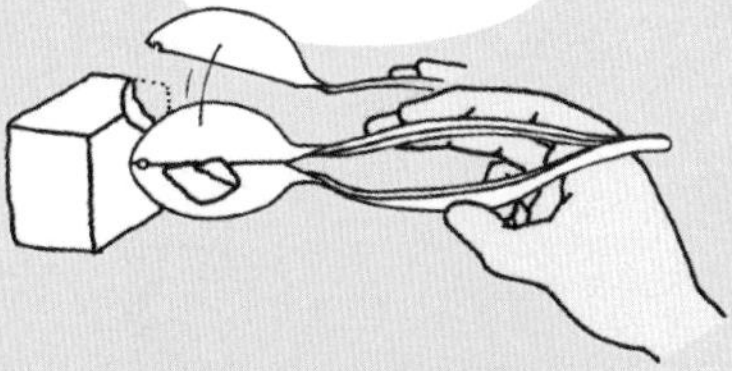

將前端闔起來當作刀子使用。

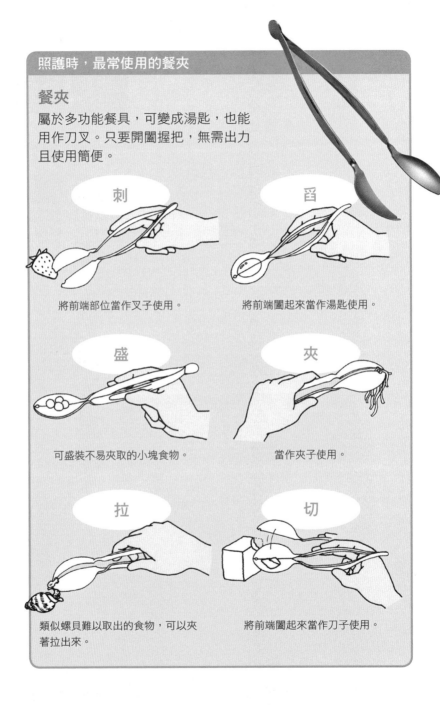

Q5

用餐時，採取何種姿勢最恰當呢？

母親做完大手術後，再過不久似乎就能出院了。她在醫院時，升起電動床後即可進食，但是回到家後該如何用餐，讓全家人都很傷腦筋。我是否需要準備和醫院一樣的床？或讓她坐在輪椅上用餐較方便嗎？或者，我需要準備母親專用的椅子？我們現在毫無頭緒，究竟該依據何種標準來衡量？

請告訴我日後照顧母親用餐時的基本姿勢，或準備用餐環境時該注意的重點。

A

才剛做完大手術不久，妳的母親就能夠從嘴巴進食，真是十分幸運。

話說回來，每當年長者住院或手術後，有些人就會接受胃造口手術（即經由胃鏡的輔助，在病人的左上腹打一個可通至胃內的小洞，再將灌食管從肚皮直接插到胃部，以進行灌食）。一旦接受胃造口手術，想從該狀態回復正常飲食，往往須費一番功夫；因此，像妳母親這樣出院後即可從嘴巴進食，真的相當不易。

接下來，只要確保她在家裡採取正確的姿勢用餐，即可順利飲食，體力也會逐漸回復。

究竟什麼是「正確的用餐姿勢」呢？關於這點，只要了解人類吞嚥食物的機制，應該就會發現，**「將身體前傾後進食」為最佳用餐姿勢**。

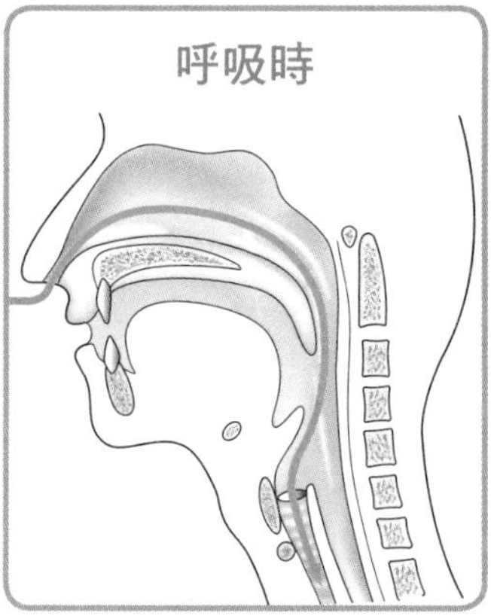

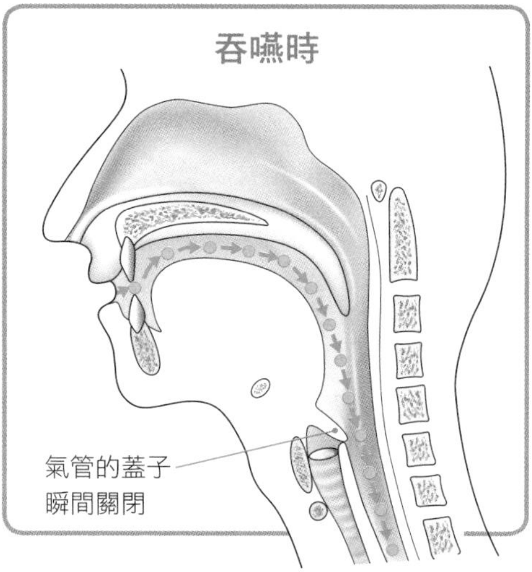

在餐桌上用餐，可預防誤嚥

在我們的喉嚨處，有一條「從嘴巴連接至食道的食物通道」，它與「從鼻子連接至氣管的空氣通道」交叉。由於平時需要呼吸，所以空氣通道呈現開啟狀態；唯有在吞嚥食物或飲料的瞬間，連接到肺部的入口才會堵住，停止空氣進出，再趁這個空檔，將食物或飲料送進食道內。

因此，假如在連接至肺部的入口堵起來之前，食物就滑進喉嚨而誤吞入氣管中，便稱為「誤嚥」，這會造成意外。

對於身體孱弱的年長者，照顧者有時擔心他們太累，身體負擔過大，因而讓他們躺著進食，或是將電動床稍微升高後，便拿食物給他們吃，其實這樣相當危險。**若採取往上仰的姿勢，食物會在氣管的蓋子關閉前，就因重力的關係而容易自行滑落，所以會提高誤嚥的危險性**。

反之，若採取前傾姿勢，嘴巴的位置會低於喉嚨，便無須擔心食物會自行滑入喉嚨，較令人放心。將食物充分咬碎後，在口中成團以利吞嚥，待做好吞嚥準備時，就能自行控制將食物吞下。所以，為了避免誤嚥，切記一定要「採取前傾的姿勢進食」。

餐桌比床鋪更方便進食
您起身不方便，那我把飯放在這裡囉！
咳！
糟糕，噎到了！
咦？您要到餐桌用餐嗎？不會太勉強嗎？
而且會噎到……
大口
大口
奇怪？
今天怎麼沒噎到……

腳跟能著地，才能好好吃飯

接下來，我將具體說明何謂「方便進食的前傾姿勢」。以下為各位介紹，採取正確進食姿勢時，必須注意的三大重點：

❶選擇高度適中的桌子

年長者大多身材瘦小，但市售的桌子高度往往過高，有時會導致年長者無法採取正確的前傾姿勢用餐。盡量挑選坐在椅子上時，桌面高度在肚臍左右的桌子。

❷椅子有靠背

為了保持姿勢穩定，椅子必須完全坐滿。為避免失去平衡而往後傾倒，有靠背

正確進食的姿勢

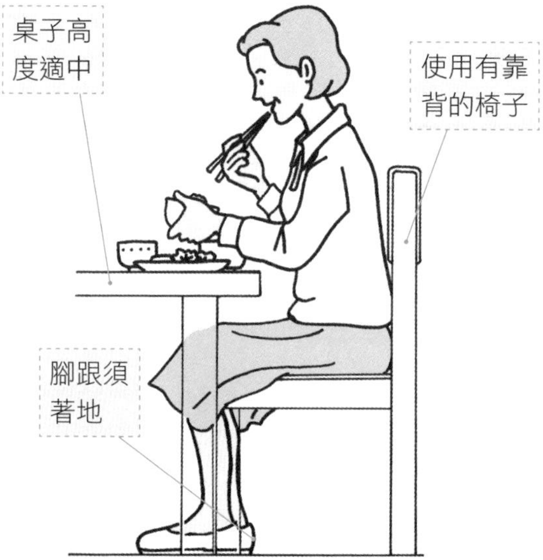

的椅子較令人安心。若因半身麻痺而難以保持左右平衡，請選擇附有扶手的椅子。

❸腳跟要著地

想要坐得穩，切記腳跟一定要著地。一般椅子的高度約四十公分，但是高齡女性的膝蓋以下，平均只有三十七公分。建議可選擇高度較低的椅子，或是搭配坐墊及腳踏墊等，以適合被照顧者的身材高度為宜。

做到三件事，改善進食姿勢

若不方便把用餐環境調整成理想狀態，仍要提醒各位幾個重點，若能謹記下列觀念，確實吸收並執行這些知識，那就更完美了。

❶別將床鋪升高後用餐

提問者的狀況便是如此，住院期間都是將電動床升高至某個高度，再直接躺著用餐，雖然這種方式稀鬆平常，但如此一來，會在不知不覺間，養成靠在床上直接用餐的習慣，導致抗重力肌逐漸衰退。

只要避免靠在床上，**端正坐好，表情就不會鬆垮，減少誤嚥的可能性**。所以，首先請別讓被照顧者靠在床上直接用餐，盡量改變姿勢，端正地坐在椅子上進食。

坐著進食，肌力會衰退
醫院強迫我下床走路……
快痛死了
唉呀，真可憐
在家就可以放心了
我會一直陪在母親身邊
來，吃飯囉！
嘴巴打開～❤
啊～❤
一個月後
又噎到了！
真奇怪，難道吃東西的能力退化了？
咳
咳

②使用床邊桌進食

若覺得突然要移動到餐桌有困難，**至少要盡力嘗試在床上使用床邊桌用餐**。

一開始或許會感到很辛苦，不過若能使用床邊桌，只要將雙腳放下後就可以坐著，因此應該會比想像中更容易做到。

假如能坐在床上，後背不靠著東西也能往前傾，差不多就達

到理想的進食姿勢了。不少過去缺乏食慾的人，改成坐著用餐後就能吃得下食物。

❸不在輪椅上用餐

若能從床上移乘至輪椅上，應該會有許多人認為，直接坐上輪椅到餐桌旁用餐會比較方便。能夠直接將輪椅推進去用餐的餐廳，的確會被認同為「無障礙友善餐廳」。但在一般日常生活中，直接坐在輪椅上用餐這件事，卻很值得深思。

話說回來，輪椅本是用來移動的工具，為了在移動時保持穩定，靠背或椅墊都會稍微傾斜。因此，若想坐在輪椅上並以前傾的姿勢用餐，是很困難的一件事。

此外，有些家庭為了避免輪椅的扶手撞到桌

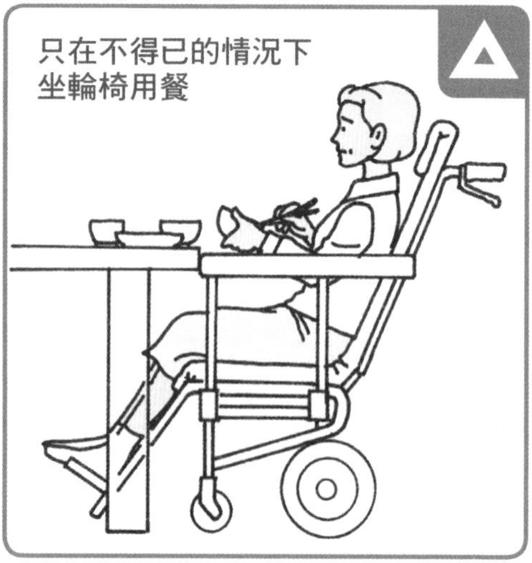
只在不得已的情況下
坐輪椅用餐

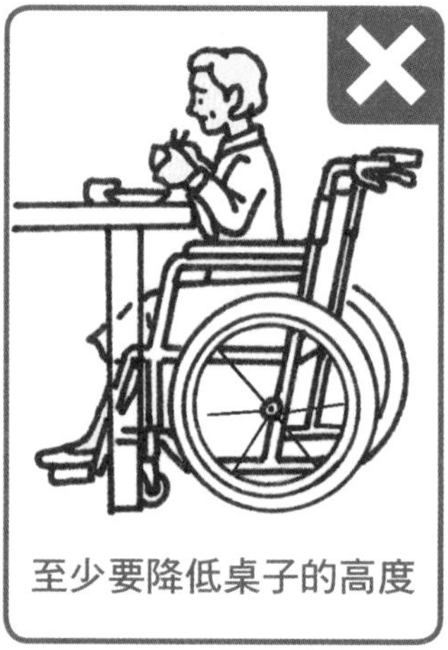
至少要降低桌子的高度

子，會將桌子加高，但若這麼做，用餐時會變得很不方便。

其實，**若被照顧者能移乘至輪椅上，我仍然希望用餐時，最好協助其坐在一般餐椅上進食。只要這麼做，即可大幅減少誤嚥的危險性。**

然而，假如坐椅子會感到疼痛，或因麻痺等因素無法坐直時，還是得讓年長者坐在輪椅上用餐。此時，無須理會扶手會造成的妨礙問題，請配合座椅高度，同步調整桌子的高度。

Q6

常噎到，從嘴巴進食有困難，該怎麼辦？

自從我父親年過九十歲後，用餐時常常會噎到，無法順利進食。我聽說一直誤嚥會導致誤嚥性肺炎，但是我們都不知道該如何協助父親進食，全家人都很煩惱。

此外，坊間似乎有細碎飲食、流質飲食等各種飲食型態，我們也不知道何種食物適合父親。

對於時常噎到的人而言，應提供何種食物較恰當？

A

因老化或疾病等因素導致飲食能力退化後，噎到的頻率就會提高。一旦食物進入氣管，有時就會引起誤嚥性肺炎等疾病，因此應盡量設法避免讓年長者噎到。

「噎到」一詞看似單純，其實潛藏了各式各樣的原因。**假如導致噎到的原因不同，那麼適當的飲食型態，或安全飲食的因應方法也會有所不同**，所以照顧者最重要的就是了解「人類飲食的機制」；再試著改變食物型態、烹調方式，減少造成噎到的因子。如此一來，也能讓被照顧者更方便進食。

從進食的過程中，找出問題

無論吃飯或吃零食，任何食物都須慢慢咀嚼後再吞下。各位應該明白，飲食會循著「咀嚼↓彙集成小塊狀↓吞嚥」這三個過程來進行。這三個過程中，只要任一環節出問題就會噎到，所以要視原因改變成適當的飲食型態。

以下將更深入具體說明進食的三個過程。

過程❶ 咀嚼

用牙齒咬食物的階段，嚼碎至可吞下肚的大小為止。

沒有牙齒，或因蛀牙、牙周病等不適症狀，導致無法咬碎食物的人，在咀嚼過程中就會出現

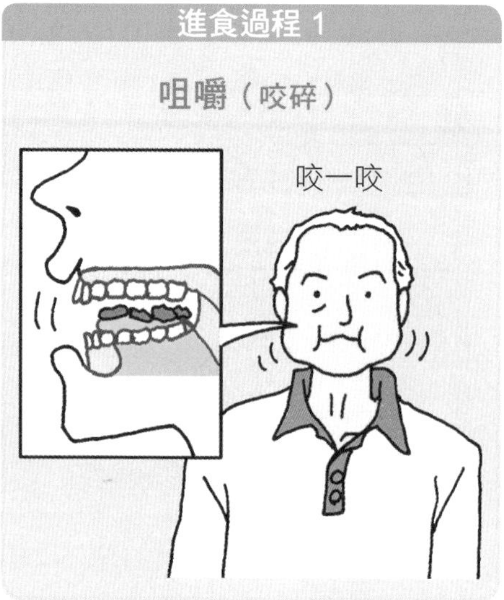

問題。以年長者來說，多因假牙不合適而無法順利咀嚼。

過程❷ 使食物成塊

將口中咬碎的食物與唾液混合成小塊狀，再送進喉嚨深處的階段。

牙齒或舌頭動作不靈活的人，就算可以將食物咬碎，也無法在口中將食物集結成塊。將食物送往喉嚨深處也是舌頭的工作，當舌頭不靈活時，在此過程就會出現問題。

過程❸ 吞嚥反射

將送到喉嚨深處的食物吞下肚的階段。原本只打算咀嚼食物，沒想到一部分的食物卻滑入喉

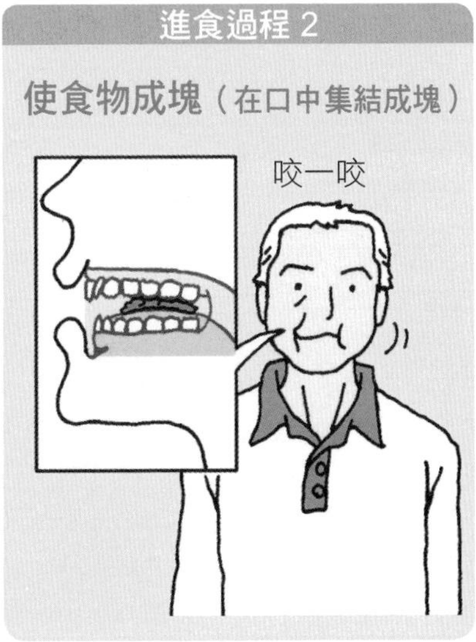

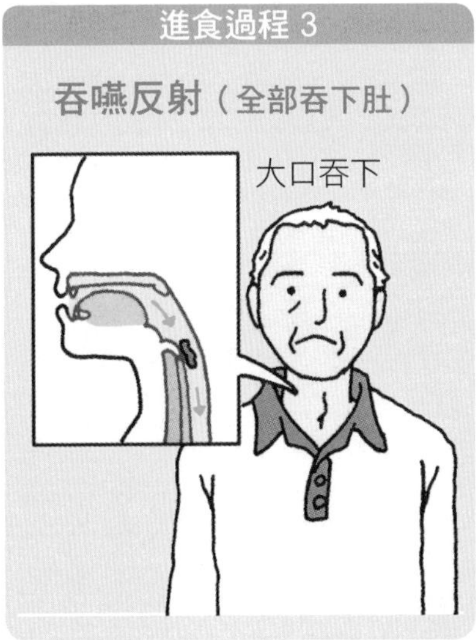

嚨，或原本想全部吞下肚的食物，卻因為喉嚨閉鎖不全而進入氣管，此時就會出現問題。

想避免噎到，並提供年長者適當的飲食型態，**必須從進食的三個過程中，找出導致噎到的原因**。首先，請仔細觀察被照顧者在用餐時的一舉一動，找出噎到的原因。

找出噎到的原因
仔細想想，我家的老奶奶只要吃硬一點的食物，馬上就會吐出來。
呸
帶她去看牙醫吧！有些牙醫會到家裡來出診喔！
是嗎？
我父親因為半身麻痺，請他稍微動一下舌頭就很吃力，說話也很慢。
喔啊～～
仔細觀察飲食及平常的一舉一動，就能找出原因。
聽妳這麼一說……
我家長輩……

不方便咀嚼時，可準備軟質食物

觀察被照顧者進食的一舉一動後，判斷原因出在「無法好好咀嚼」時，請先帶他到牙醫診所就診。**許多人做完蛀牙及牙周病治療，或調整假牙後，咀嚼能力便回復了。**

倘若治療牙齒後，咀嚼能力仍無法完全回復，請先暫時費心準備軟質飲食。有些人會將食物切碎來「取代咀嚼」，然而，食物切碎後並不賞心悅目，風味也會變差，容易降低食慾。

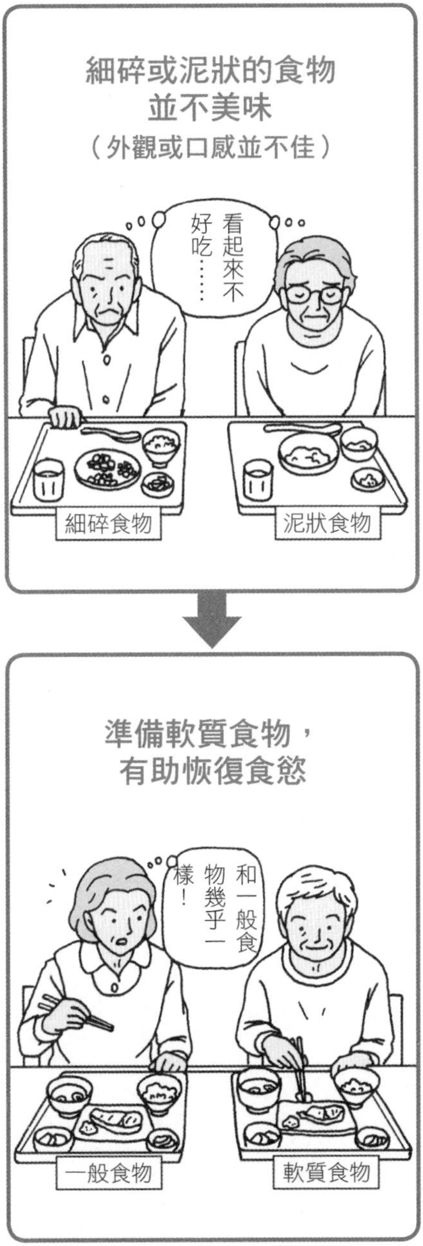
細碎或泥狀的食物
並不美味
（外觀或口感並不佳）
看起來不好吃……
細碎食物
泥狀食物
準備軟質食物，
有助恢復食慾
和一般食物幾乎一樣！
一般食物
軟質食物

與其如此，不如選擇能夠煮軟的蔬菜，或使用壓力鍋烹調等，設法把食物煮軟。若是魚類料理，建議採燉煮方式，肉類則可使用絞肉，加粉揉製成柔軟的肉丸子料理。

此外，使用水果等食物中富含的蛋白質分解酵素，可將肉類或魚類烹調至一般料理無法達到的柔軟度。市面上販售的粉狀蛋白質分解酵素，可使料理變得更柔軟，不妨在烹調時多加運用。

只要在料理中加入蛋白質分解酵素，可將食物烹調至牙齦壓得碎的柔軟度，在照護的世界裡稱為「軟質食物」。目前也有業者可將種類豐富的軟質食物宅配到府，請多加利用。

軟質食物的製作技巧

以壓力鍋或蒸煮方式料理食材

以市售的蛋白質分解酵素浸泡

利用軟質食物宅配服務

建議選擇一口大小，或黏稠性食物

對於無法順利在口中將食物集結成塊吞下的人，許多照顧者會採取的因應方式就是將食物切碎。但是，食物切碎後會在口中散開，反而更不易集結成塊。

此外，有一個類似的錯誤作法，就是有不少照顧者為了讓年長者「容易吞嚥」，會把食物用食物調理機攪打成液狀。但是，**以食物調理機打碎後非但不美味，還容易變得稀稀糊糊地流入喉嚨，反而更加危險。**

為了使食物在口中集結成塊，方便一口吞下，選擇一口大小，或是具黏稠狀的食物，最適合年長者食用。

具體的作法，就是使用「吉利丁、寒天、玉米粉、太白粉、市售的照護用增稠劑」等，以增加食物黏稠度，進而取代唾液，使食物可集結成塊，方便吞嚥。每種作法各具特色，請視料理菜色靈活運用，找出適合自己方便使用的方式即可。

關於增加黏稠度的烹調絕竅，就是不要使用過量，以免變得太黏，導致口感不佳。提醒各位先行試吃，再確認何種黏稠度較美味。

增加黏稠度的方法

材料	特色
吉利丁	●溫度達 30°C 就會溶解，天氣炎熱時須特別注意。 ●一入口就會溶解，方便吞嚥。
寒天	●富含食物纖維，可改善便秘。 ●溫度達 80°C 以上才會溶解，不適合無法將食物集結成塊的人。
太白粉 玉米粉 葛　粉	●溫度在 30°C 以下時，水分會分離，僅適用於溫熱料理內。 ●澱粉也可補充能量。
照護用 增稠劑	●只需溶解即可使用的加工產品，非常方便。 ●容易變得太黏。過於黏糊會影響風味，進而導致窒息，需注意用量。

視原因調整烹調方式

Q7

協助進食時，應該注意什麼呢？

母親目前是五十幾歲，因為意外事故造成半身麻痺及失語症狀。現在由我這個女兒（三十幾歲），以及目前還在上班的父親，兩人合力照護。由於母親無法說話，所以我們一直都是一面照護、一面摸索。

其中最令人擔心的，就是用餐問題。自從母親出事以來，食慾都不太好，再加上身體麻痺，幾乎無法自行進食。

我們全面協助母親進食，管理她的三餐，請問有必須「特別注意」的事項嗎？

A

妳年紀輕輕就捨身致力於照護母親，真令人欽佩。照護無法表達「口渴」、「肚子餓」的人，很難找到正確答案，壓力應該也很大吧？此時，若能設定一個判斷基準，謹慎維持母親的身體健康，肩上的重擔也會減輕，讓人輕鬆一些。

在飲食方面，**保持身體健康應特別留意的事**，**就是「進食姿勢」、「脫水」、「營養不良」**。只要留意前述三點，就能防範未然，避免健康狀態嚴重惡化。

協助進食的注意事項
雖然想尊重本人的意願
若讓母親作主，她什麼都不吃
這樣協助她進食，不知是否正確？
摸索狀態
摸索時須留意這三點！
進食注意事項
①進食姿勢
②脫水
③營養不良
掌握必備知識及判斷基準，照顧者的心情會輕鬆許多
原來如此！

身體前傾，最容易進食

進食時，採取誤嚥危險性低、容易吞嚥的「前傾姿勢」最理想。因此，協助進食時，**盡量留意協助被照顧者採取前傾姿勢，以方便吞嚥**。

若想使被照顧者呈現前傾姿勢進食，照顧者應該在什麼位置上協助呢？以下舉出具體的位置，請一起來驗證。

○坐在身旁一起用餐

坐在身旁，可從相同方向注視餐點，較容易設身處地為對方著想。建議照顧者陪同用餐並協助進食，如此便能從容不迫，更容易預測對方接下來想吃的食物。

此外，**坐在身旁時，請坐在被照顧者慣用手的那一**

坐在身旁一起用餐

側，再從下方將食物送進口中。這是被照顧者自行進食時相同的角度，對方比較容易接受。

△面對面用餐

這種進食方式雖然沒有錯，但我不建議這麼做。有些人會聯想到母女和樂融融吃午餐的畫面，認為面對面用餐稀鬆平常。兩人吃飯時，的確常會面對面用餐，**但是協助進食時，坐在對面會感覺到注視的眼光，容易產生被監視的感覺**。

×站著協助用餐

請避免在做家事的空檔協助進食，或站著協助進食。當食物從高處送過來時，自然會在抬頭的狀態下將食物送進口中，容易造成誤嚥，相當危險。

進食方式也不同

①平衡感不佳者

半身麻痺的人，會發生平衡感不佳、往麻痺側傾倒的情形，為協助支撐，請坐在麻痺側協助進食。

②視野狹窄者

在半身麻痺的影響下，麻痺側會有一半看不清楚，視野變狹窄時，請坐在被照顧者容易看清楚的健全側（未麻痺的那一側）協助進食。

用湯匙不易協助進食

用筷子只能分次慢慢餵食，實在是太花時間了
好慢！
浮躁
浮躁
用較深的湯匙比較方便
可以一次全部舀起來，很方便
剛剛好
唔！
食物這麼多，我咬得動嗎？說不定會吞不下去…
想用湯匙協助進食時，每次餵食的分量為一小匙或半大匙
咳咳
沒事吧？

其中，可自行進食卻要求協助用餐的年長者也不少。這種情形最常出現在由妻子負責居家照護的男性身上。

這類型的人，**通常是想藉由進食協助，來確認妻子沒有遺棄自己**。前文曾經提過，一開始僅在迫切需要時再協助進食，盡量讓年長者自行用餐，但是一旦拒絕協助他們進食，會讓他們以為自己被遺棄了，造成精神不穩定。

總之，他們內心需要的是照護之外的需求，用意在於考驗對方「真正遇到麻煩時，是否會提供照護」。所以，應先給予充足的安全感，再讓被照顧者自行進食。

身體狀況不同，

③半身麻痺者

若是舌頭或喉嚨半身麻痺，食物會殘留在口中，請將食物從健全側的口中送入。

④協助喝飲料

請試著將飲料放在健全側稍微下方處協助飲用，這樣較容易喝下。

檢查腋下及口中，確認是否脫水

管理年長者的飲食狀況時，需特別留意是否脫水。年長者因上廁所不方便，不容易攝取足量水分，或是沒注意到自己已經脫水，許多人甚至因而演變成重症，可說是發生頻率較高的問題，常令人意想不到。疏忽脫水現象甚至會致命，所以照顧者須盡可能詳知檢查要點，確認年長者是否脫水。

若想檢查年長者有無脫水，兩大重點是關鍵，包括：

❶ 用手指觸碰腋下，若沒有潮濕感，應懷疑他輕度脫水。

❷ 口中乾燥，即為重度脫水。

疑似脫水時，請多補充身體可迅速吸收的運動

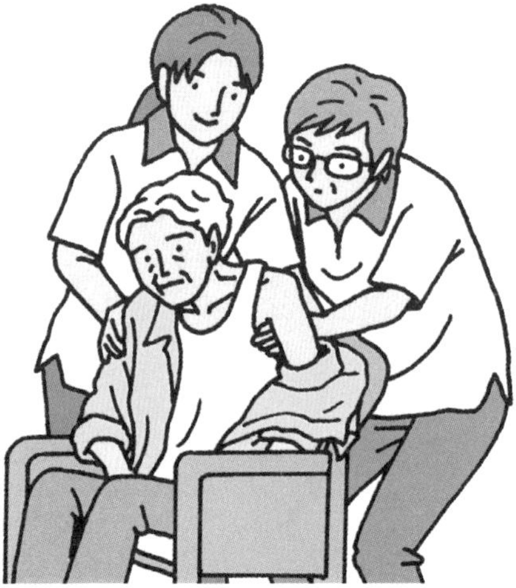

觸碰腋下，
檢查是否脫水

【脫水的初期症狀】

⑴ 無精打采
⑵ 缺乏食慾
⑶ 大小便減少
⑷ 噁心想吐
⑸ 微微發燒
⑹ 皮膚乾燥

飲料。若吞嚥有問題，攝取液體會造成危險，建議增加黏稠度，或使用市售的膠狀飲品，設法讓被照顧者吞嚥。

此外，**若是半夜常起床上廁所的人，應懷疑是否缺乏蛋白質**。此時，可在睡前喝一些熱牛奶，或飲用少量的熱可可及年糕紅豆湯。只要在睡前攝取上述熱飲，即可補充蛋白質，刺激副交感神經，讓人安穩入眠。

吃火鍋可預防營養不良

同樣必須留意的，就是「營養不良」。胃口小的年長者，一旦疏忽就會陷入營養不良的狀態。營養不良時，免疫力會下降，因而容易罹患感染症，須特別注意。體重過輕的人，也要檢查是否為營養不良的警訊。

懷疑年長者營養不良時，應計畫性地攝取蛋白質。建議用餐後再食用優格，或在雜燴粥、味噌湯裡加顆蛋。

若體內維生素不足，市面上也販售果汁型健康食品。只要少量食用這類營養食品，即可維持營養均衡，不妨聰明攝取。

營養不良的警訊

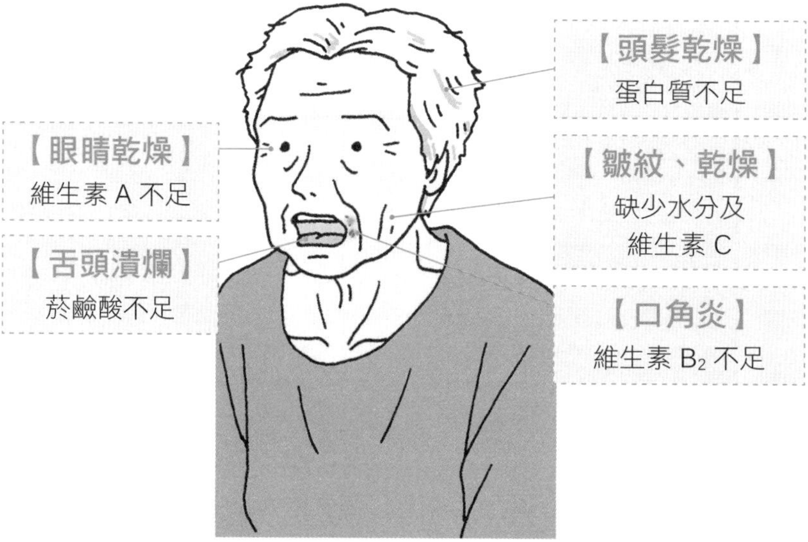

此外，「火鍋」是最適合年長者的菜色。**對年長者而言，吃火鍋可一次解決水分不足與營養不良的問題，一舉兩得**。除了秋冬之外，夏天也可開冷氣享用火鍋。

魚類切片雖然也很不錯，但我建議將魚肉磨成泥，加工料理後即可方便吞嚥。另外，也可將豆腐、青蔥、紅蘿蔔、菠菜等食材一起燉煮，和家人同桌享用。吃完含豐富水分、食物纖維、蛋白質的溫熱火鍋後，隔天早上腸胃會感覺很輕盈，是利於健康的料理。

○ 預防脫水與營養不良的火鍋

Q8

長輩不願進食，該考慮流質食物或胃造口手術？

高齡九十歲的母親，前陣子因感冒造成身體不適後，最近突然開始不愛吃飯。

不過在這之前，她的食慾就已大幅減退，而且即使感冒已經痊癒，食慾依舊沒有恢復。如果她一直不吃飯，不知道會變成怎樣？有些親戚建議我，不妨考慮流質食物或胃造口手術。

請問，我究竟該怎麼做才好？

A

一旦年長者不願意吃飯，照顧者往往會有許多煩惱，例如「不知該準備什麼餐點」、「營養不均衡怎麼辦」、「一直不吃飯該如何是好」等。照理來說，當食量一減少，體力與精神就會隨之變差，使照顧者必須協助身體照護，各方面的負擔都會增加。

此時，請勿再計較飲食內容或品質問題，任何粥品或果凍等食物皆可，只能讓年長者吃他想吃的食物。但是，從另一角度思考，只要不是潛藏其他嚴重障礙，**多半是有某些原因導致年長者不願進食**。

因此，找出解決對策，釐清原因，是非常重要的一件事。年長者食慾減退最具代表性的原因如下圖，請試著參考這些例子，找出他們不願進食的原因。

我討厭這道菜
分量太多了
我已經吃不下了
我到底該怎麼做？
以前很喜歡吃的魚
特地煮成粥，方便食用

藉由活動身體，增加飢餓感

日常生活中，很少活動身體、總是待在同一個地方的年長者，原本就不太會感到飢餓，容易因此沒有食慾。像這類型的例子，**最有效的作法就是帶他出門散步，或參加日照中心舉辦的娛樂活動，藉此活動身體**。

缺乏食慾的長輩，一天的生活

此外，因為每個家庭的生活步調不同，有些人晚餐的時間可能比較早。此時，不妨等到年長者肚子餓了再吃，將用餐時間的間隔稍微拉長。

其中，也有人在上了年紀之後變得比較挑食，此時，別太嚴格要求營養均衡，把能開心地吃下愛吃的食物，當作第一考量吧！

變化菜色，以增加食慾

有些年長者因為日常生活或飲食內容一成不變，導致食慾逐漸變差。此時，**最有效的作法就是變化飲食突顯特色，或是營造用餐的樂趣**。

例如叫外賣、或和家人一起外食等，試著營造出有別於在家吃飯的特殊氛圍。我常聽說平常食量只有

解決方法①

「外賣」

解決方法②

「外食」

小碗分量的年長者，當家人訂壽司外賣時，竟可大口吃完一個成年人的分量。

最近，提供無障礙設施的餐廳選擇越來越多，坐輪椅也能輕鬆出門外食。不妨當作補充一週分量的熱量與營養，計畫每週一天為外食的日子。

此外，安排生日派對或年終尾牙等活動，召集親朋好友一同聚餐，也可以成為特別的用餐時光。和熟識的朋友圍著火鍋炒熱氣氛，讓平時缺乏食慾的年長者，也能出乎意料地胃口大開。

不必時常舉辦特殊活動，偶爾安排外賣、外食、聚餐，開開心心地吃頓飯吧！

生存意志低落的特徵

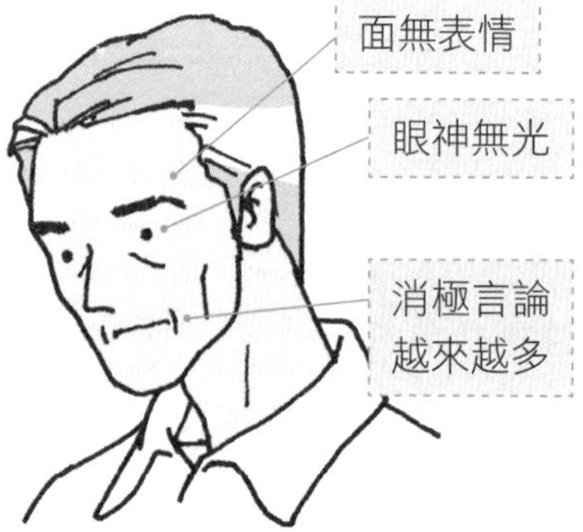

解決方法 ③

「聚餐」

完成心願，也能增加求生意志

已經想盡辦法，年長者仍不願進食時，有可能是因為年齡增長而導致生存意志低落。生存意志低落會讓人面無表情，言論消極，食慾也會減退。演變至此，便如同「消極的自殺行為」一般，萬萬不可輕忽。此時，若想喚回被照顧者的積極求生意志，**最有效的作法就是詢問被照顧者「想去什麼地方」、「想見什麼人」，再協助他完成心願。**

能吃才能活
母親最近吃得很少，精神很差
我吃飽了……
妳有沒有想去的地方，或想見什麼人呢？
我想想，沒有耶……
不過好久沒見到妳哥哥了，很想念他
將母親的心願放第一，和哥哥全家相聚
陪母親前往喜歡的溫泉度假
看到母親在旅館開心地用餐
真好吃
使她領悟到「能吃才能活」的道理

食慾低落，潛藏重症危機

如果想盡所有方法，年長者還是一口都不吃，請向醫師諮詢。因為突然食慾全無，極可能隱藏某些重大疾病。

例如神經重症發病，或大腦發生嚴重損傷，才會導致有些人無法大口吞嚥。此時就得參考親戚的建議，或許需要在胃部接受「胃造口手術」，直接灌食營養物質。

另外，有些人也會因為口腔肌肉極度退化，導致無法大口吞嚥；這種情形需要鍛鍊口腔的肌力，得由口腔外科醫師、物理治療師、職能治療師等專家提供協助。

認識胃造口手術

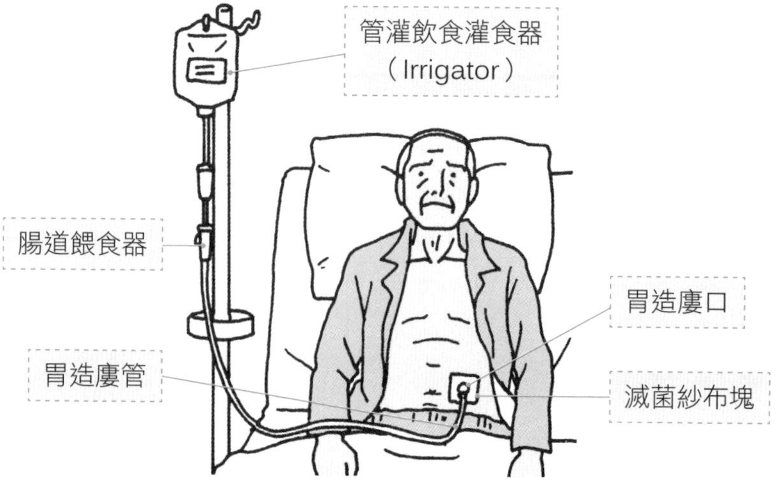

不得已時，才接受胃造口手術

若非大腦或神經出現重大疾病，**我不建議食量變小的年長者，只為了攝取營養而輕易接受胃造口手術**。所謂的胃造口，就是在腹部動手術開孔，建立連通至胃部的管道，再從此處直接灌入流質食物至胃部，以便補充營養的方法。據說這原本是為了拯救罹患難治之症的兒童，所發明的醫療技術。假如成人要接受胃造口手術，僅限於手術後無法從嘴巴補給營養的患者，是為了等待身體回復到可從嘴巴進食的狀態，一般屬於暫時性的作法。

回復期的暫時性胃造口
手術成功了
但是在體力回復之前
須接受胃造口，維持營養的攝取
好的
一週後
精神好多了
3個月後
練習從嘴巴進食，非常順利
半年後
太好了！終於可以擺脫胃造口了

一旦接受胃造口手術，將發生下列狀況：❶從嘴巴進食的樂趣會被剝奪；❷嘴巴無法發揮功能，使舌頭及喉嚨等部位的機能逐漸退化；❸由於唾液無法分泌，讓口中的抵抗力衰退，使細菌容易入侵；❹年長者的手常會被束縛，以避免自行拔掉胃造瘻管，易使他們喪失求生意志，逐漸放棄自我。

胃造口對於只要接受該手術即可健康長大的兒童，以及患有神經重症的人而言，可謂難得的醫學技術，但是在年長者身上留置胃造瘻管所伴隨的風險，遠多於它的優點。

因胃造口陷入惡性循環

然而另一方面，應該也有人認為，即使機能多少會退化，卻得以確實攝取營養，還是很具吸引力。這個想法並沒有錯，只要年長者在疾病回復期妥善接受胃造口手術，有時便可維持在穩定狀態。

但是，若在面臨年老力衰的情形下，為了延續生命而接受胃造口手術，灌食多餘水分與營養，那就另當別論。**在安寧療護時期攝取過多的營養與水分，通常只會導致褥瘡、水腫、痰，增加年長者的痛苦。**

毫無食慾的年長者，如果已經面臨人生的終點，家人必須審慎思考，避免因胃造口手術增加年長者的痛苦，被動地延續生命。

〔回復時期〕
透過飲食維持穩定狀態
留置幸福的胃造廔管

〔安寧療護期〕
只會增加痛苦
為什麼痰、水腫、褥瘡會如此嚴重？

專欄❷ 感覺美味，也能激發求生意志

據説人一旦年屆高齡，會回到兒時記憶中的味覺。

鶴代女士十六歲時移民夏威夷，七十六歲回到日本。她原本酷愛麵包與咖啡，但在八十六歲時，她開始拒吃麵包，津津有味地吃起白米飯與味噌湯。千萬別以為她是因為高齡或失智症的緣故，導致吃不出味道。正因為視覺與聽覺已經退化，使得皮膚觸覺與味覺等，這些基本感覺所占的比例開始大幅增加。

津津有味地品嚐一日三餐，對於減緩年長者感覺功能的喪失，可發揮極大助益。反之，吃東西時感覺不出美味，將使得生存意志低落。因此，希望各位善用各地相傳的料理及調味方式，幫助年長者。

在我的故鄉廣島，年長者對於押壽司的喜好更甚於握壽司。「押壽司」就是將壽司飯壓入模型之後，再擺上香菇或魚鬆。年屆九十歲，一直吃粥的鶴代女士，似乎曾在慶典等場合品嚐過，且能一口氣吞下五份押壽司，令人目瞪口呆。當然，她搭配了蛤蜊湯，而非與咖啡一起享用。

食物切碎後會讓人看不出是什麼料理，泥狀食物也會令人聯想不到這是食物，然而仍有為數眾多的老人養護機構，會將這些切碎食物與泥狀食物混合，再用大湯匙送進年長者口中「協助進食」。

不過，既然已決定在習慣居住的地區、生活環境，並開始居家照護，就應該盡可能維持正常生活，而非採取完全幫助的照護方式。

第3章 實用Q&A

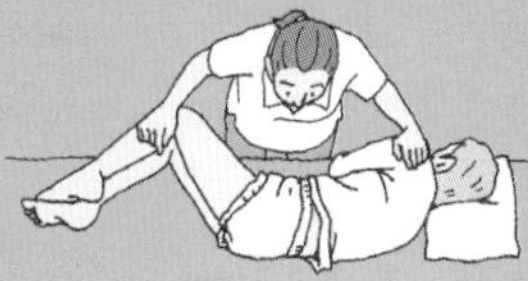

【排泄篇】

由於尿布易讓皮膚失去知覺，查覺不出尿意及便意，
若還能行走，請盡量自行上廁所，而非依賴尿布，
及早戒除尿布，恢復自行如廁，才是居家照護之道。

Q9

嚴重便秘，一吃藥就拉肚子，該怎麼辦？

我的母親頭腦清楚，但是眼睛與腰部較不好，光是想站起來就得費一番工夫，所以日常生活需要照護。

此外，母親長期深受嚴重便秘所苦，導致她坐立難安，形成很大的壓力。因此我們開始讓她服用市售便秘藥，沒想到一次只吃一顆，竟造成嚴重腹瀉，使得便秘的情況難以控制。

請問，我該怎麼辦呢？

A

由於妳的母親「想站起來就得費一番工夫」，所以日常生活中，她應該會盡量避免活動吧？如此一來，即便感覺到些許便意，也會認為「還不會上出來」，或許因而錯失難得的排便時機，形成惡性循環。

假如不斷錯失排便時機，人類的身體就會抑制反射，即使糞便已經囤積，也不會感覺到便意。

這種無法感覺到便意的狀態，將形成惡性便秘；妳的母親就是因此而演變成惡性便秘。若想改善惡性便秘，必須先了解人類的排泄機制，才能找出因應方法。

好想上廁所，但現在得先忍耐

三種力量，幫助自然排便

假如不想依賴藥物或浣腸，欲自然排便，需要下述三種力量：

❶直腸收縮力
❷腹壓
❸重力

欠缺上述任一種力量，將無法自行排便。究竟，該如何導引出這三種力量呢？

首先，只要坐在馬桶上叉開雙腿後，即可導引出最大極限的「腹壓」與「重力」。所以就算身體再不方便，也請盡量在廁所排便。

自然排便需要的 3 種力量

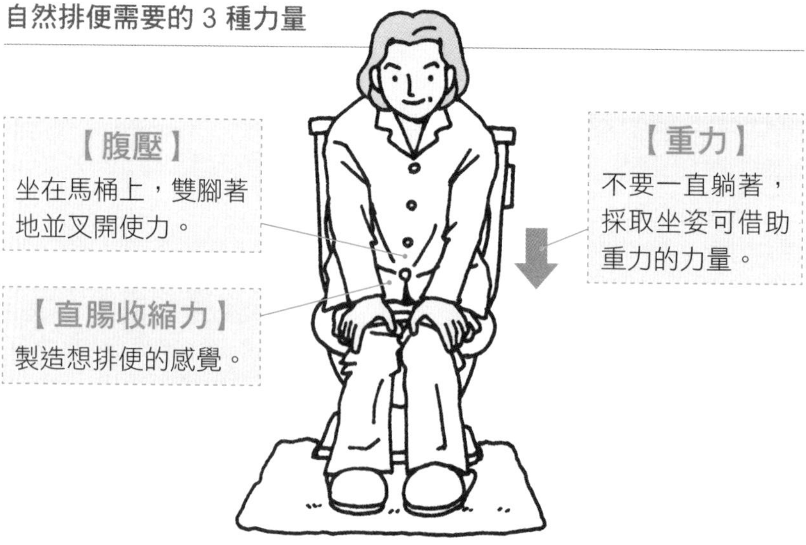

【腹壓】
坐在馬桶上，雙腳著地並叉開使力。
【直腸收縮力】
製造想排便的感覺。
【重力】
不要一直躺著，採取坐姿可借助重力的力量。

此外，「直腸收縮力」與技巧及姿勢等毫無關係，無法靠自己的力量導引出來。糞便運送至直腸時，會透過脊髓將信號傳遞至大腦，下達「請排便」的指示，單靠這一連串反射動作所引起的反應，就是直腸正在收縮。簡言之，感覺到「好想排便」的瞬間，就是「直腸正在收縮的狀態」。

想要自然排便，首先需要出現「想排便」的便意，並採取容易施展腹壓與重力的姿勢，即「坐在馬桶上，雙腳叉開」的動作。

一坐下就順利排便
入院後，父親一直臥床
無法自行排便
總是依賴浣腸
自從他一步步努力復建
嗯
終於能夠坐起身的那天起
每天都能排便！
腹壓與重力
真有效！

根據上述內容，了解排便機制後，便可明白錯失感覺想要排便的瞬間，即直腸正在收縮的時機，是多麼可惜的事。深受惡性便秘所苦時，無論身體有多疲乏，**請務必徹底翻轉觀念，提醒自己「絕不錯失便意」**。眼睛看不見或是身體有病痛的人，在很多事上的確需要忍耐；然而，改善便秘的第一步，就是本身要有自覺，唯有「便意」不能忍耐，切記必須立即表達「想上廁所」的意願。

察覺「便意」最重要
嚴重便秘真惱人
您好
重視便意
請看！
您是否有留意呢？
聽你這麼說……
一步步向前邁進
只要能察覺便意，就是進步

沒有什麼事，比「排泄」更重要

即使年長者也會盡量「避免忍住便意」，但是照顧者若抱持「現在很忙，暫時等一下」的想法，一切便毫無意義了。照護的世界裡，有一條「排泄最優先原則」，當年長者表示出現便意時，就要馬上引導他至廁所。**排便首重時機，所以照護時應該將之放在第一優先處理的順序。**

話雖如此，但是對於忙碌的居家照顧者而言，常會發生「正在炸食物」、「正在講電話」、「正在工作」、「正在二樓晾衣服」等情形，導致當下會回問年長者，「是否一定要立刻上廁所」。儘管如此，無論是被照顧者還是照顧者，凡事都應以「避免錯失排便時機」為優先。

雖能理解照顧者的心情，但仍須體諒並即時協助

年長者一旦便秘，會衍生出非常多的照護問題。例如因便秘導致食慾不佳而排斥進食，其他如頭痛、失眠、心情焦躁、忐忑不安等，也可能肇因於便秘，上述情形皆屢見不鮮。

如果被照顧的年長者心情焦躁，將對照顧者造成極大的壓力。中斷正在進行的工作，引導年長者上廁所，不過是一時的負擔；將排便視為優先任務，往往會令照護工作變得更順利。

請大家務必實踐「排泄最優先原則」，雖然看似麻煩，但對於照護而言，才是最理想的作法。

因便秘衍生的症狀

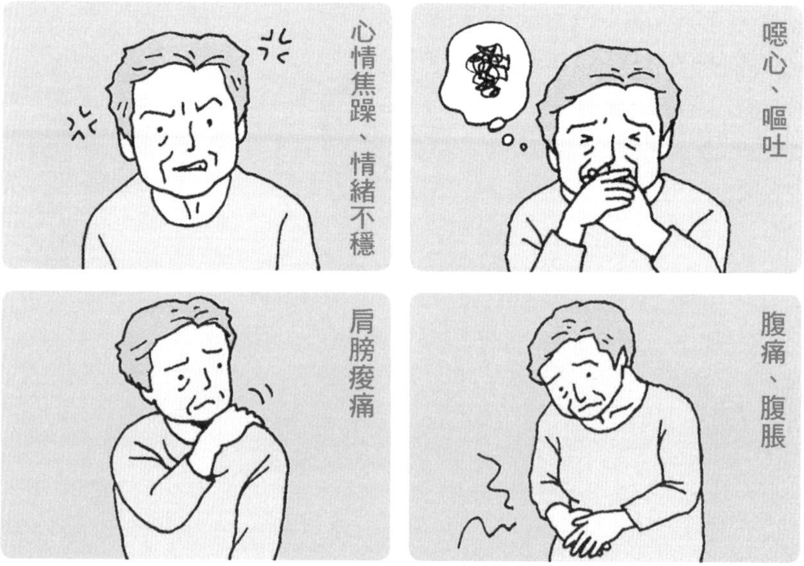

總是感覺不到便意，怎麼辦？

雖然覺察便意很重要，但是陷入惡性便秘時，其實很難感覺到便意。如果認為感覺不到便意而無計可施，繼續過著相同的生活，便秘將會永遠無法改善。

此時，應將「排便」放進生活習慣中。

人類感覺到便意的排便反射，是由副交感神經所引起的反射行為。然而，白天是交感神經強力運作的時段，所以副交感神經會受到抑制。此外，排便反射容易在進食後出現，即人體處於極佳的放鬆狀態時，所以，早餐後是一天當中最適合排便的時機。

請運用人類天生的身體機制，**將「吃完早**

便意很重要！絕對不要忍耐，要馬上告訴我喔！
唔……嗯……
不用妳說，但我已經好幾年感覺不到便意了……

餐後，即使沒有便意，也要讓年長者坐在馬桶上叉開雙腳」，成為每天的習慣。

但若告訴年長者「我會等到你順利排便」，反而會讓對方感到緊張，不利排便。所以請對年長者說：「您能先試著坐在馬桶上用力嗎？我先去整理早餐後的餐桌。」然後請離開現場，如此一來，照顧者不但能繼續做家事，年長者也能專注地察覺便意。

剛開始可能無法順利排便，切記不可馬上放棄，請每天持之以恆地實行。這樣一來，就會逐漸感覺到便意，即使無法每天排便，也能二～三天排便一次。若能做到，便秘與它所伴隨的腹瀉問題，應能和平落幕，所以請繼續努力。

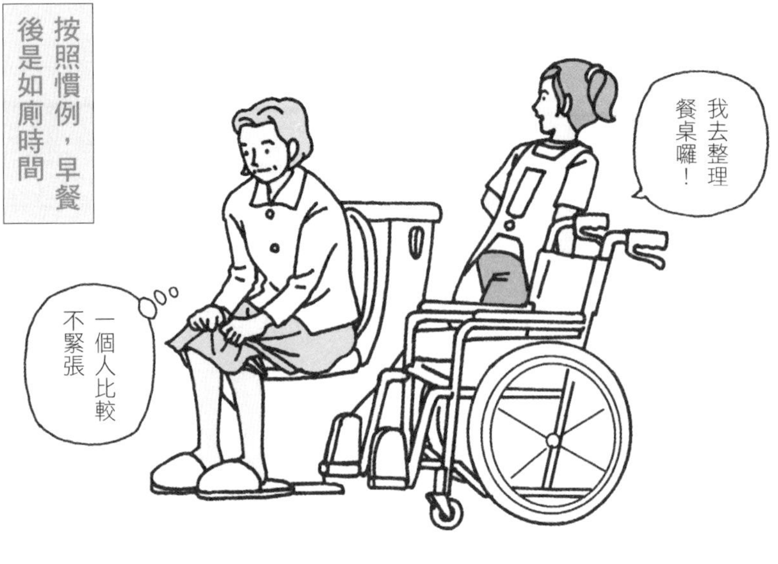
按照慣例，早餐後是如廁時間
我去整理餐桌囉！
一個人比較不緊張

照顧者這樣做，幫助養成良好排泄習慣

長期忍住便意，容易陷入惡性便秘，若想脫離惡性循環，降低排泄失敗的頻率，導向「良性循環」，必須留意下述兩大重點。

試著隨時帶去上廁所

即使被照顧者並未提出「想去上廁所」的要求，也可在開始進行某件事之前，如吃點心、散步等，養成上廁所的習慣。

吃點心前先去上廁所吧！

再稍微叉開雙腿用力喔！

男性也要坐在馬桶上

女性每次如廁時都會坐在馬桶上，但是有些男性會直接站著解決。其實也應請男性在站立如廁幾次後，坐在馬桶上一次，以促進排便。

Q10

排泄照護很麻煩，可否使用紙尿褲？

婆婆因跌倒造成腳部、腰部骨折後，幾乎一直臥床休養。每天想上廁所時就會叫我幫忙，讓我備感困擾。即使我正在做家事，或是三更半夜，她一點也不在意，需要人幫忙就會大聲呼叫。有時雖沒聽見她呼叫，卻發現她已經尿在褲子上了，這種情形常常發生。

我實在已經筋疲力盡了，很想幫她穿紙尿褲，可是婆婆並不接受。我該如何說服她呢？

A

許多年長者如廁的間隔時間很短，對於每次都被喚去幫忙的家人，真的非常辛苦。如果年長者能客氣地請求協助，照顧者的心情尚不至於起伏太大；然而，正因為是由家人照護，所以許多年長者常會提出自私任性的要求。

若照顧者累垮了，真是得不償失，所以想替年長者穿紙尿褲的心情是可以理解的。**但是被照顧者意識清楚，不想穿紙尿褲，卻仍勉強她接受，只會讓照顧者變得更手忙腳亂，希望各位能明白這個道理。**

和 2 歲的孫子一樣
該穿紙尿褲了……
我不要！
成人紙尿褲
就算勉強他穿……
呀——！
居然自己脫掉了！
地獄畫面
即使再三拜託
求求你！
我不要
不是2歲小孩的叛逆期
不要
不要
而是80歲老小孩的叛逆期
不要！

各位不妨試著穿一次紙尿褲排泄，對於意識清楚的人而言，無論是大小便在紙尿褲裡，或是排泄物一直沾黏在陰部上，相信稍微想像便會知道非常不舒服。

假如仍堅持替年長者包紙尿褲，他們將會下意識地忽視自己皮膚的感覺，逃避這種不適感。但事實上，「讓陰部周圍皮膚沒有感覺」一事，不可能只靠意志力控制，**因此，許多年長者最終會為了逃避包紙尿褲的不適與屈辱感，選擇走上「變成失智老人」一途。**

於是，世界上才會出現許多因為包紙尿褲，演變成失智症的老人。接下來，更會衍生出眾多的照顧者，除了負責身體照護之外，還須應付失智症引發的各種異常言行舉止，忙得昏頭轉向。總之，為了被照顧者與照顧者自身，建議無論如何都要協助意識清楚的年長者到廁所排泄，而非使用紙尿褲。

設法讓長輩自行如廁

話雖如此，想上廁所時就一定要呼喚照顧者，也相當麻煩。所以，在包紙尿褲之前，應設法讓年長者自行如廁。不過，究竟該怎麼做呢？不妨參考下頁方式，和年長者一起努力。

每次帶去上廁所，真的好麻煩
包紙尿褲
請年長者自行如廁
可以試試這條路嗎？

❶ 增加可支撐處，輔助行走至廁所

設法調整環境，如增加扶手或家具，以便年者長可以當作支撐走到廁所。將寢室移至廁所附近也是個好方法。

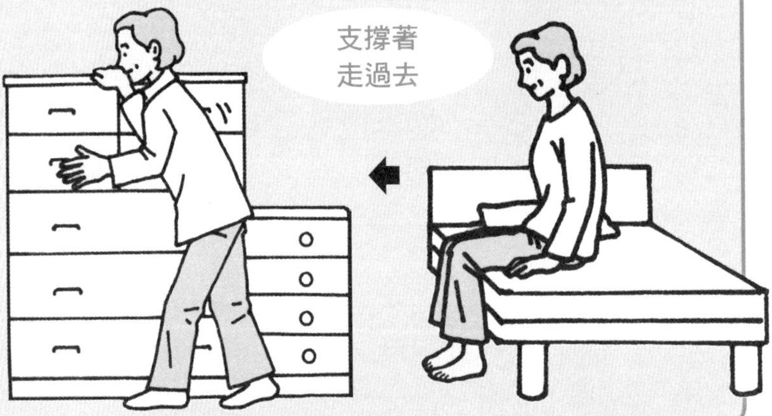

② 無法行走、但可站立時，如何移動至廁所？

思考是否能利用床邊的扶手等輔具移乘至輪椅上，再慢慢移動到廁所。並視情況將廁所整修成輪椅可以進得去的環境（請參考P107）。

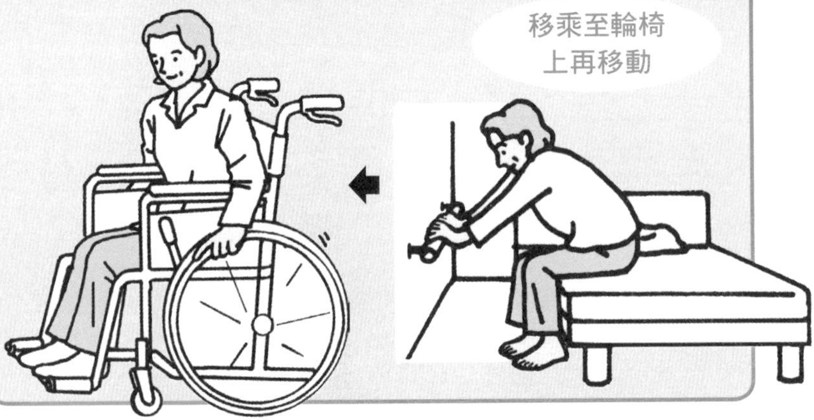

③ 無法行走及站立時，如何移動至廁所？

即使無法站立，只要可以爬行或滑行，便可請年長者靠一己之力移動至廁所。可以自行如廁，對於維護年長者的尊嚴而言相當重要。在照護的世界裡，**主張「不限使用任何移動手段與方法也要自行如廁」**。千萬別認為這樣做很難堪，就算只是將寢具改成日式床墊並放在地板上，也是一種藉由改變生活環境以利爬行的方式。

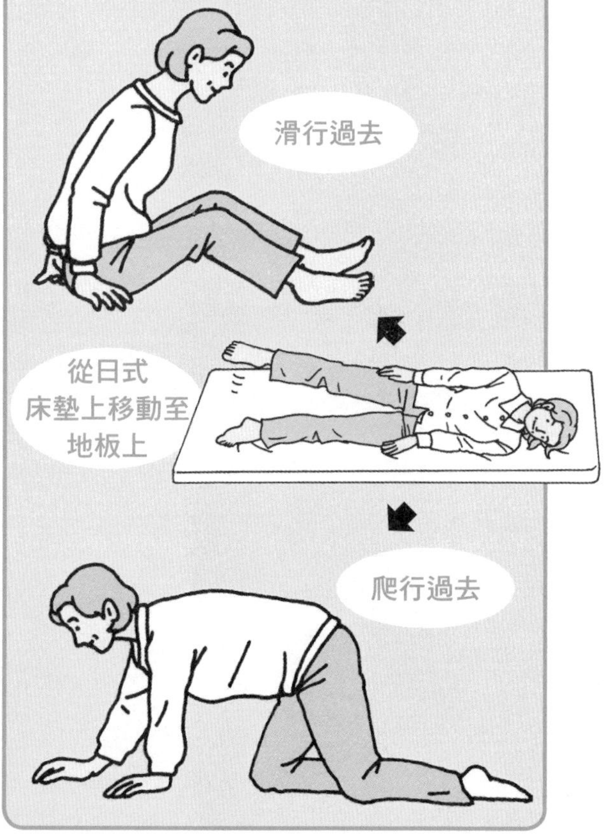

提問者表示，她的婆婆「幾乎一直臥床休養」，所以可能不便移動。但是能在廁所大小便，代表婆婆應該可以抓著一些支撐物站立或坐著。只要在床邊放置移動式便座，或許就能靠一己之力排泄，所以請務必與家人商量，討論改變方式（請參考第一三三頁）。

改造廁所，以方便照護

雖然會影響居家面積及結構，但由於家中廁所多半不便使用輪椅，因此須根據幾個重點改造。為了方便照護而進行的廁所改造工程，長照保險會支付一定額度的費用（編按：在台灣，亦能依被照顧身體狀況，申請金額不等的改裝補助，詳細請洽各縣市社會局）。

一般家庭中，馬桶的位置非常重要。許多馬桶都會設置在打開廁所門處的正中央，並且朝向入口處。但是這樣的設置，會使年長者千方百計抵達廁所後，也無法將身體旋轉一百八十度後坐在馬桶上，使

如何打造利於照護的廁所？

將蹲式馬桶改成坐式馬桶

只需安裝在蹲式馬桶上，即可簡單改造成坐式馬桶的市售馬桶座。

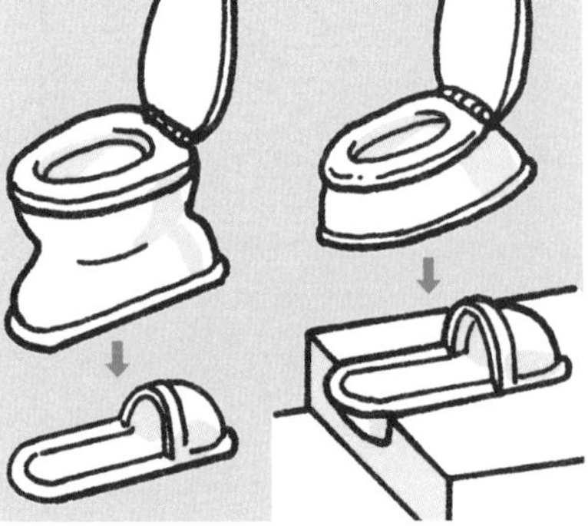

折疊式扶手

折疊收納於牆上的扶手，僅在使用時放下，可避免平時阻礙通道。

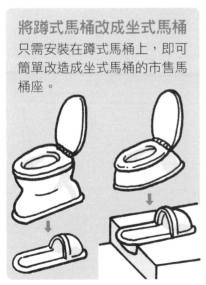

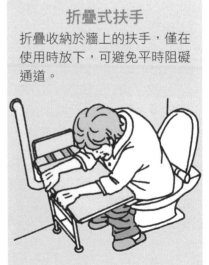

用上非常不便。

所以改造廁所時，**馬桶應設置在與入口呈並排的位置**。此外，若將使用輪椅的需求納入考量，把廁所的門改成拉門，會更方便。

此外，市面上也販售可避免阻礙通道，僅在使用時放下的「折疊式扶手」，以及將蹲式馬桶簡單改造成坐式馬桶的馬桶座等。請依自家廁所的形式與預算，盡量改造成方便使用的廁所。

若家中面積寬敞，能夠騰出空間，可建造如養護機構般，方便照護的理想廁所。下方插圖彙整出理想的照護用廁所需求，提供各位參考。

理想的照護用廁所

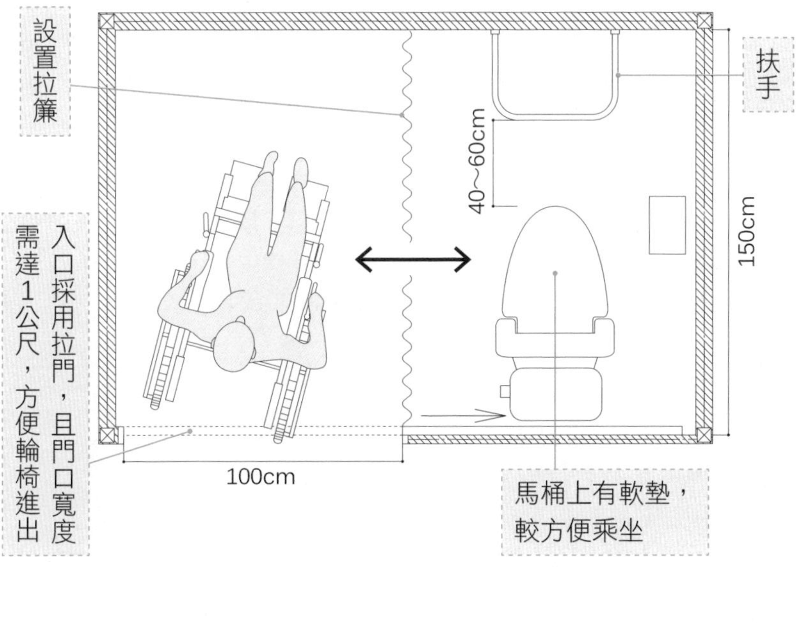
設置拉簾
扶手
40～60cm
150cm
入口採用拉門，且門口寬度需達1公尺，方便輪椅進出
100cm
馬桶上有軟墊，較方便乘坐

躺著也能自行排泄的方法

無法走到廁所、移乘至移動式便座，或是照護能力不足時，年長者難免必須在床上排泄。

儘管如此，**若年長者意識清楚，仍應盡量避免包紙尿褲，建議使用便盆等器具來幫助排泄。**

最近市面上推出各式商品，幫助躺在床上就能排泄。即使是年輕人，在手術後或剖腹產後，應該都曾短暫使用過這些器具吧？

為了避免漏尿或溢尿，躺著排尿非常困難，排便則需要更高深的

在床上排泄時使用的器具

女用・男用尿壺

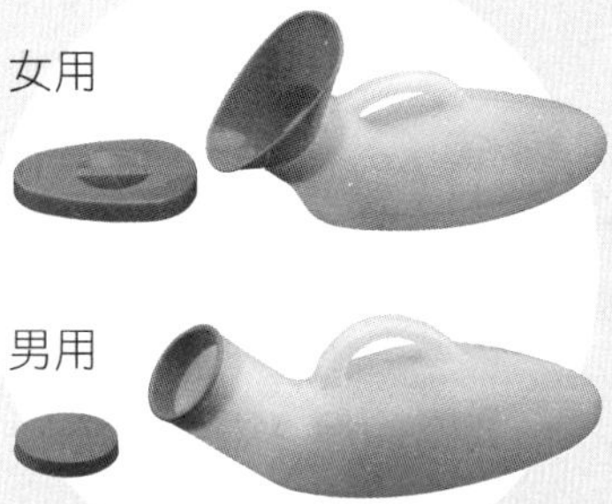

尿壺收納架

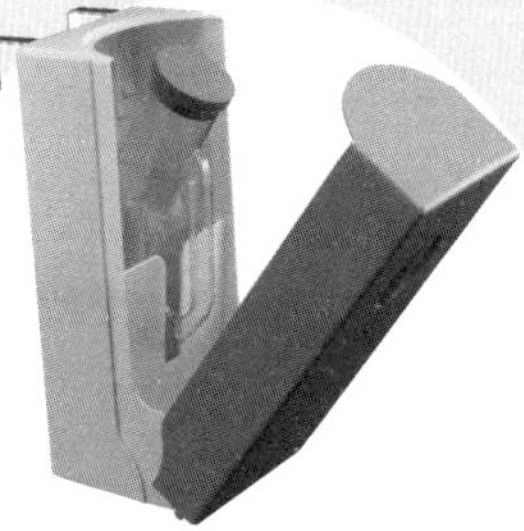

可收納尿壺，裝設在方便拿取之處

便盆

大小便兼用的便盆。前端較薄，方便插入使用

技術。因此，包含清理等步驟，需要旁人一定程度的協助。

儘管如此，能不包紙尿褲自行控制大小便，仍是相當可貴的事。如果本人想要自行大小便，請務必讓他試著挑戰。

照護時，應顧慮被照顧者在排泄時的心情，視情況暫時離開他的身邊。冬天使用尿壺或便盆會感覺非常冰冷，**應用熱水稍微溫熱後**，再遞給年長者使用。

在床上大小便時

預先鋪上防水墊，就不怕溢出，可安心使用。若常使用，可在防水墊上鋪毛巾
使用尿壺或便盆自行大小便，結束後再蓋上蓋子即可
事先將尿壺收納架安裝妥善，就能隨時自行取用

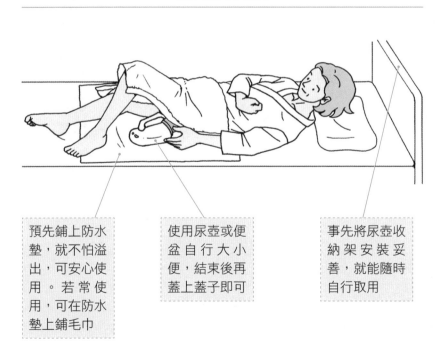

Q11

請問換紙尿褲有訣竅嗎？

父親三個月前動了一場大型腦部手術，預計不久後就可以出院。由於可能會出現麻痺等後遺症，所以目前包著紙尿褲。但是，我們全家人都不曾幫大人換過紙尿褲，再加上父親體型魁梧，假如出院後仍需包紙尿褲，像我和母親這種個頭嬌小的人，真不知該如何應對。

請問，換紙尿褲有沒有訣竅呢？

A

恭喜妳的父親即將出院。妳們的居家照護組合，是體型魁梧的父親，搭配身材嬌小的家人，**假如完全不了解照護基本知識便進行居家照護，照顧者一定會腰痛或膝蓋痛，所以須特別留意。**

現在針對妳們馬上要面臨的「換紙尿褲」一事做說明。包紙尿褲時，最重要的就是配合被照顧者的體型，選用正確的紙尿褲。如果使用不符合體型的紙尿褲，不但會漏尿，還會造成活動不便，有時也會引發搔癢或疼痛。

所以待出院後生活漸趨穩定，就應逐步減少對紙尿褲的依賴，最終應盡量達成讓父親自行如廁的目標。

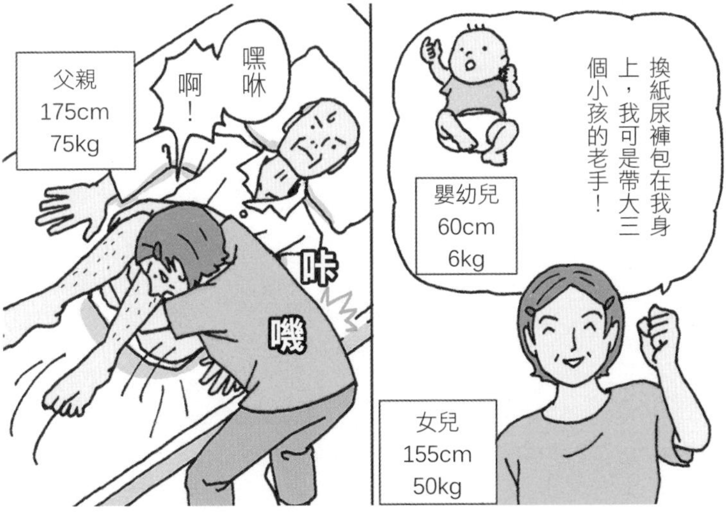
換紙尿褲包在我身上，我可是帶大三個小孩的老手！
嬰幼兒 60cm 6kg
女兒 155cm 50kg
嘿咻
啊！
父親 175cm 75kg
咔
嘰

如何挑選年長者的內褲、紙尿褲？

從因為麻痺或後遺症，導致需要全天依賴紙尿褲，或因咳嗽、打噴嚏時會稍微漏尿，事實上，年長者使用到紙尿褲的機會相當廣泛。應配合各階段或漏尿的尿量，挑選適當的紙尿褲產品，避免因不符合需求，讓照護更不易。

❶ 尿量多的人

臥床不起的人或是夜間使用時，適合使用吸收部位內含聚合物，可使尿液凝固的紙尿褲。

視被照顧者的狀況，若能站著換紙尿褲時，就選擇「褲型紙尿褲」；假如只能一直躺著換紙尿褲，盡量選擇「黏貼式紙尿褲」。

褲型紙尿褲

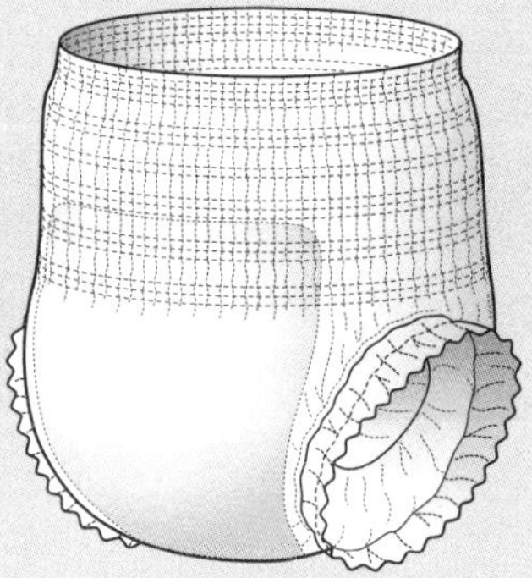

黏貼式紙尿褲

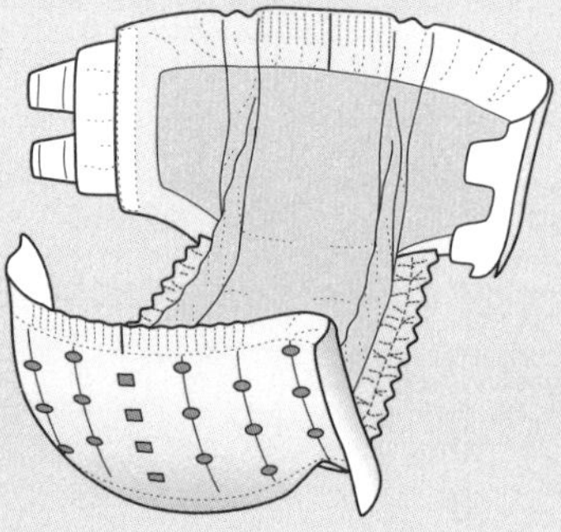

❷ 尿量較多的人

雖然可至廁所或利用移動式便座排泄，但偶爾難免失敗，或只想於外出時使用，建議選用類似一般內褲的「褲型紙尿褲」。

外出時只穿紙尿褲會感到不安心的人，可在紙尿褲裡多加一片「漏尿專用棉墊」，以求心安。

褲型紙尿褲

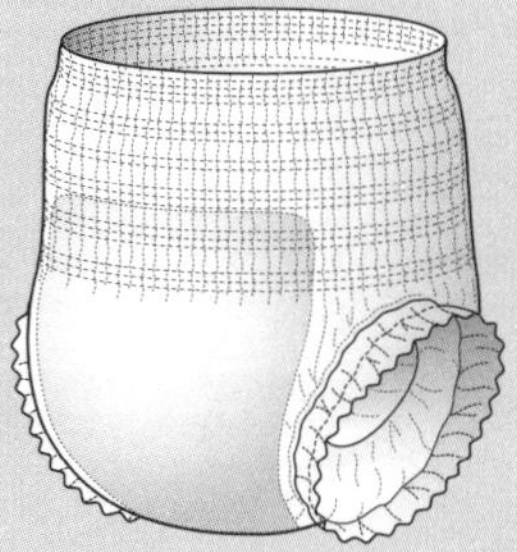

＋

漏尿專用棉墊

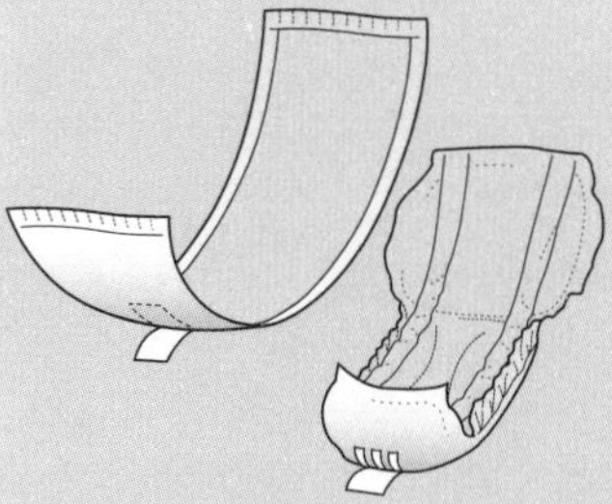

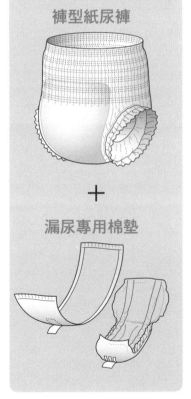

❸ 尿量較少的人

尿液只會稍微外漏，屬於輕度的人，建議穿著「失禁內褲」。外觀雖然類似一般的布質內褲，但在內褲的褲襠部位加強吸水結構，能吸收少量尿液。可重複清洗，相當經濟實惠。

尿量較多的人，也可選用「防漏內褲」。這種內褲的褲襠部位防水性更佳，且種類豐富，輕度失禁至尿量較多者都適合使用。

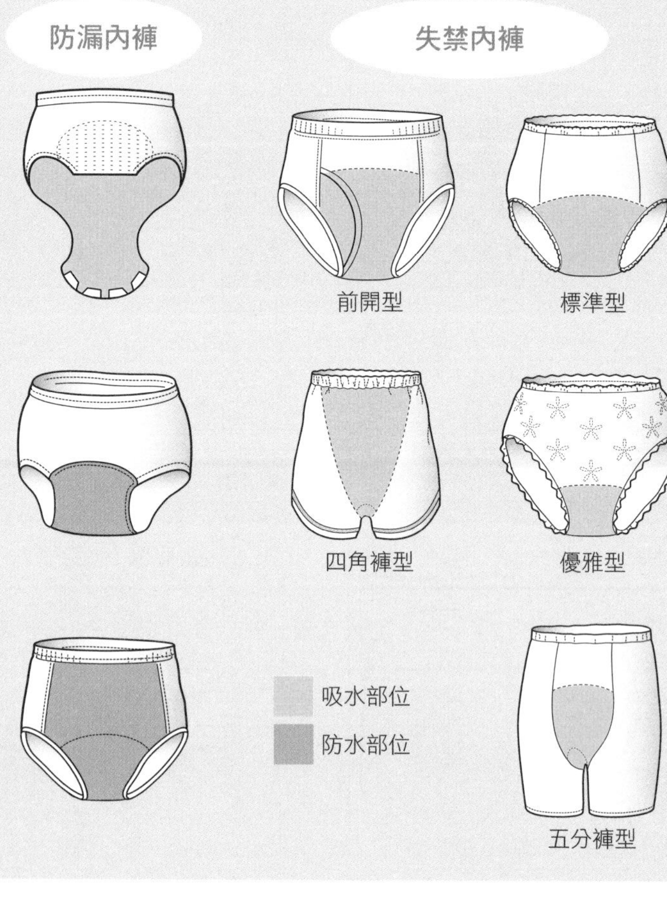

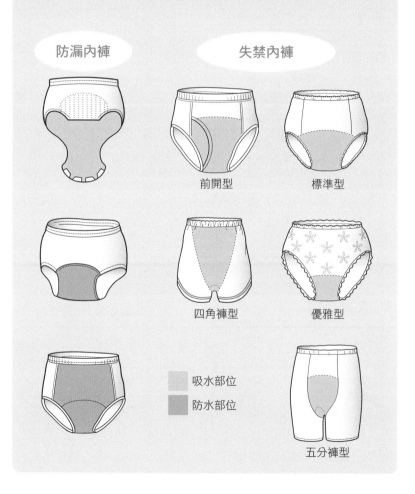

換紙尿褲時，留意對方的心情

即使是失智症惡化，或自知嚴重痲痺、無法活動自如的人，只要他的意識清楚，請旁人協助排泄時，還是會很難受。

當然，對照顧者而言，協助排泄也是相當吃力的工作，**但是協助排泄時，仍應體諒被照顧者內心的複雜情緒，例如不好意思、難為情、不甘心、空虛，盡量顧慮到被照顧者的自尊。**

多為對方著想，就能感動彼此

差不多該換紙尿褲了
好
真難為情
我去把門和窗簾關上
嗯
我幫你蓋上浴巾
好
原來……
她都為我設想周到了！

若想顧及被照顧者的自尊，只需留意「盡量減少下半身曝露的機會」、「避免他人看見」、「冬天盡量先溫熱雙手再協助排泄」、「注意空氣流通，以免臭味揮之不去」等重點，即可順利排泄。

此外，協助排泄在健康維護上也非常重要。請著重「換紙尿褲時，檢查肌膚是否出現紅腫或異狀」、「檢查是否腹瀉或血尿等，及大小便正常與否」、「留意有無攝取充足的水分」等，多加留意。

關於紙尿褲的迷思

最近的紙尿褲真厲害
一片可吸收四次尿液量
成人紙尿褲
可吸收四次尿液量
這樣一天只要換3～4次紙尿褲
等一下！
以總重量來計算，四次尿量是濕答答一大包，幾乎無法負荷的程度
沉甸甸
驚！
吸收量須視挑選的紙尿褲類型而定，隨時更換仍是照護時的重點
否則臀部會不舒服
了解

更換「黏貼式紙尿褲」的基本作法

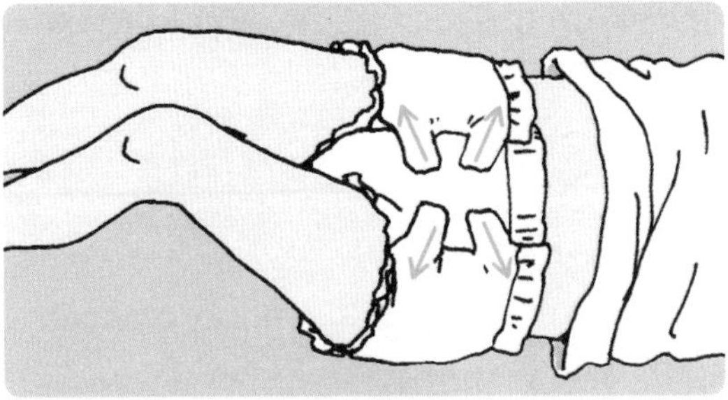

①撕開膠帶

請被照顧者將雙手在胸前交叉，並拱起雙膝後，再撕開腹部的膠帶。

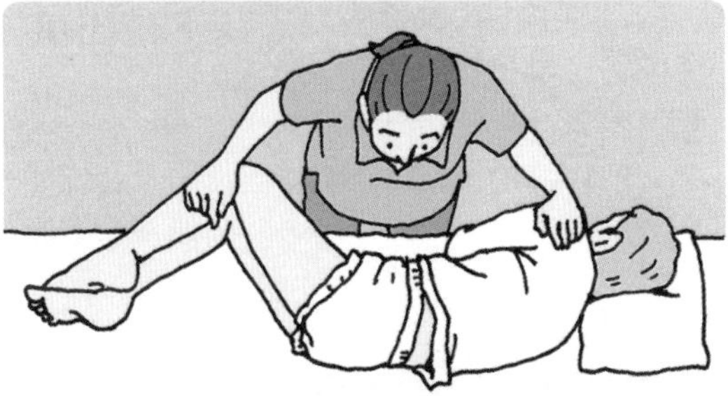

②照顧者側躺

扶著被照顧者的肩膀及膝蓋，往自己的面前推，再放開膝蓋、扶住腰部，再將其身體往面前傾倒。

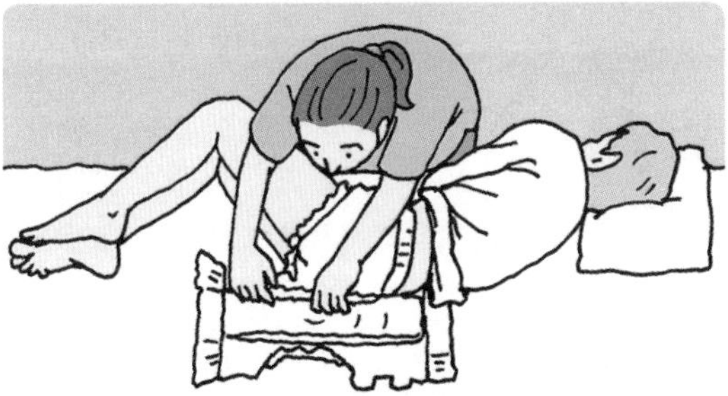

③放上新紙尿褲

將新的紙尿褲鋪在弄髒的紙尿褲下方，並立起防漏摺邊。

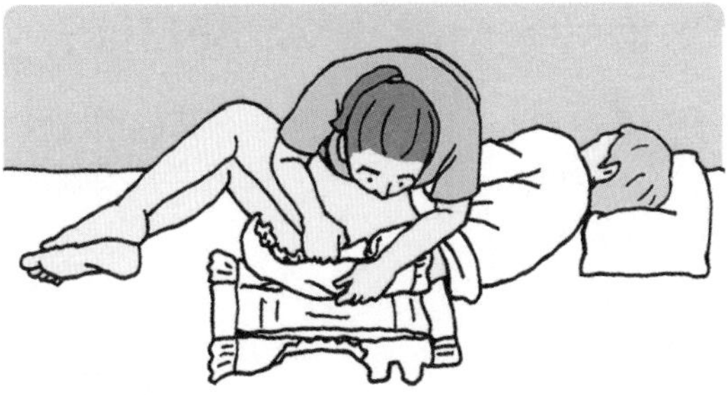

④拉出紙尿褲

將陰部與臀部擦拭乾淨後，再將弄髒的紙尿褲拉出來。

接下頁

接上頁

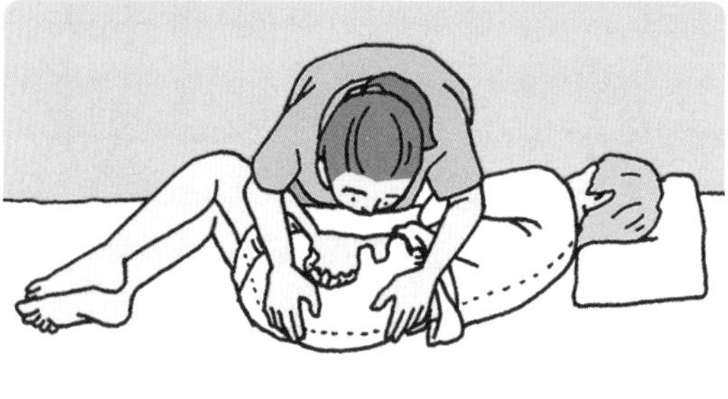

⑤放新紙尿褲

檢查紙尿褲的中心點是否對齊脊椎，並將紙尿褲放好。

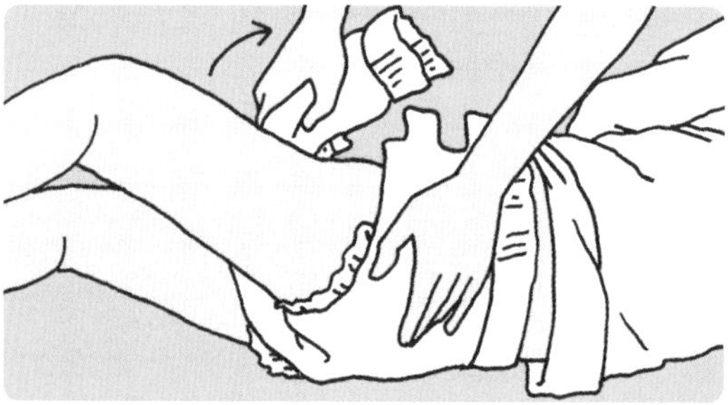

⑥從跨下拉出紙尿褲

將紙尿褲固定在被照顧者的腰部，並從跨下拉到前方來。

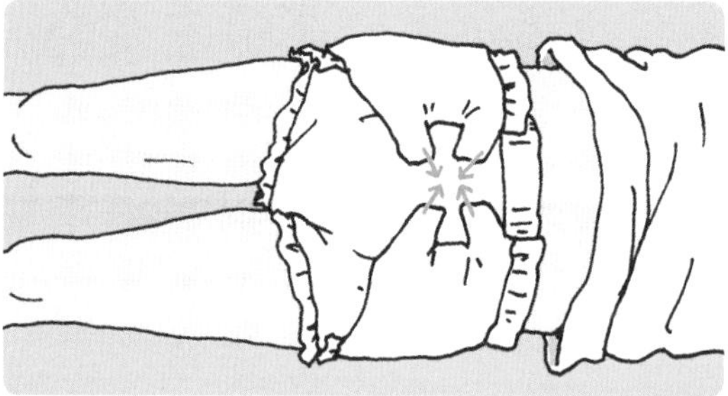

⑦黏上膠帶

回復仰躺姿勢，調整腰部及大腿根部的紙尿褲，將下方的膠帶往上拉、上方的膠帶往下拉後黏好。

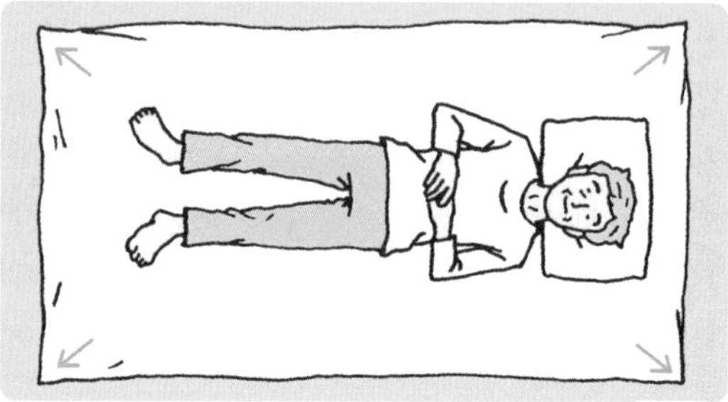

⑧將皺摺拉平

衣服或床單的皺摺會導致褥瘡，必須確實拉平。

排泄後的清潔方式

排便後，若只有擦拭容易藏汙納垢，所以應盡量沖洗乾淨。此外，陰部不潔會造成肌膚紅腫或尿道炎，所以即使沒有排便，陰部也須每天沖洗一次。

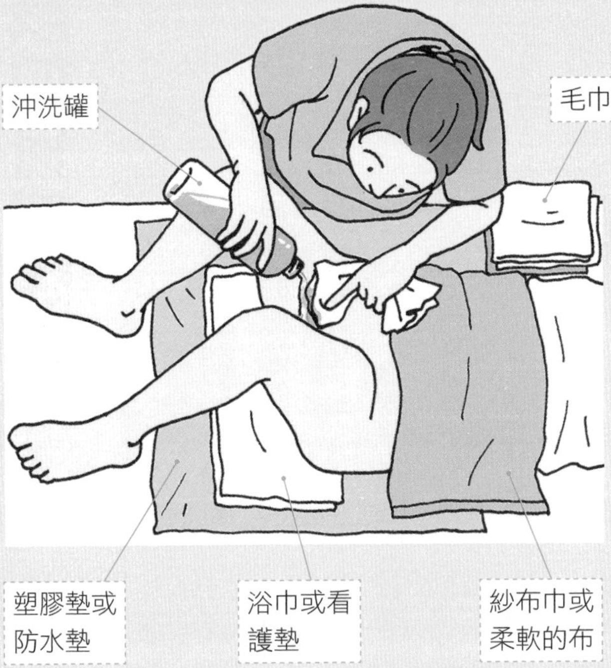

為避免弄濕床，床上可鋪防水墊。接著再以盛裝溫水的沖洗罐沖洗陰部，並以紗布巾或柔軟的布擦洗，最後再用乾浴巾確實擦乾水分。為了預防感染，女性切記要由前往後清洗。

沖洗罐不必特地購買專用器具，將空寶特瓶或美乃滋瓶罐徹底洗淨，裝入溫水使用即可。若想確保防水，可鋪上塑膠墊或防水墊，再放上浴巾或看護墊。

Q12

出院時已包著紙尿褲，該如何戒除呢？

我想諮詢關於照護父親的問題，他剛包著紙尿褲出院回家。

大概因為父親是自尊心很強的人，他從以前就很有威嚴，因此他很排斥我和母親等女性幫忙換紙尿褲，令人無計可施，十分困擾。

對於已經包著紙尿褲的人，還有可能到廁所排泄嗎？

若仍有可能，我應該怎麼做呢？

A

生病或受傷住院後，包著紙尿褲出院是很常見的情形。此時會有人認為，「既然是醫師的判斷，所以大概無法再到廁所如廁了」。這樣說也沒錯，因為下半身麻痺或四肢麻痺等障礙，導致完全喪失尿意、便意、皮膚知覺的人，想到廁所自行排泄或許相當困難。但是，**很多時候只要靠被照顧者的意志力與照顧者的協助，理應可以重新靠一己之力排泄。**

事實上，醫院終究是治療的場所，護理師都十分忙碌，所以住院時的照護人力無法與居家

照護相比。因此，即使是原本能夠在廁所自行排泄的人，入院期間也大多一直包著紙尿褲。於是因為一直包著紙尿褲的關係，導致尿意、便意、皮膚知覺喪失，出院時才會演變成「很難在廁所排泄」。

但是這種情形，**並非因身體障礙所造成，而是由於一直包著紙尿褲，才無法戒除紙尿褲，只要適度地協助排泄，就能重新找回自行排泄的能力。**

以下將說明，如何做能減少對紙尿褲的依賴。

出院後開始仰賴照護
爸爸出院後要包紙尿褲，對吧？
既然醫院這麼說，就得照做了。
其實他早就分不清楚自己是否排尿。
等一下！
您是哪位？
並不是因為他無法分辨是否排尿才包紙尿褲，而是在被包上紙尿褲後，他才會分不清是否已排尿。
接下來將說明戒除紙尿褲的步驟，幫助年長者回復自行排泄的能力。
能擺脫紙尿褲嗎？

先確認皮膚知覺，能否感覺到尿意、便意

脫掉紙尿褲時，有一點極為重要，那就是必須確認是否還有尿意、便意、皮膚知覺。

有些人表示，「我覺得母親因為失智症的關係，任何事情都已經搞不清楚了」。但是，建議各位稍加思考，這是否等同於擅自判斷「年長者根本感覺不到尿意」？**事實上，許多疾病或身體障礙，並不會喪失尿意或便意，也不會毫無皮膚知覺，這些感覺可能都健全。**只需讓他們回復這些感覺即可，下表即列出代表性的身體障礙，以及有這些障礙的人，是否仍擁有尿意、便意、皮膚知覺。

是否擁有尿意、便意與皮膚知覺

身體障礙的狀態	尿意・便意	皮膚知覺	應對方式
腦溢血導致的半身麻痺	○ 只有特殊例子會喪失	○ 皮膚依然有知覺	原本並不需要包紙尿褲。但是若沒有尿意、便意、皮膚知覺，就是因為一直包著紙尿褲造成的，因此要協助回復這些感覺
重度失智症	○ 只會無法充分傳達	○ 不會喪失	
老化	○ 只會因為肌肉鬆弛導致漏尿	○ 不會喪失	
帕金森氏症	○ 只會來不及	○ 不會喪失	
下半身麻痺	△	×	基本上需要包紙尿褲
四肢麻痺	△	×	
意識障礙	×	×	

恢復尿意的各階段過程說明

假如依據身體障礙的狀態，察覺年長者未來似乎可至廁所如廁，就應逐步協助他們找回尿意。雖然無法馬上戒除紙尿褲，但是可以按部就班地進步。以下提供幫助年長者回復尿意的方法，不妨試看看。

階段① 不清楚紙尿褲是否已濕

- 在此狀態下，不僅沒有皮膚知覺，也毫無排尿感覺與尿意。
- 首先，每次都要詢問紙尿褲是否已經濕了。

- 反覆詢問，讓年長者養成習慣，將注意力集中在紙尿褲內的感覺。
- 習慣之後，只要詢問就可以知道「紙尿褲濕了」。

階段②　會告知紙尿褲濕了，但尿液已經冷卻

- 此階段的皮膚知覺已稍微回復，但還不太敏銳，只能感覺到冰冰的。
- 當年長者告知紙尿褲已經濕了，請陪他一起歡呼。

原來如此！
太棒了！真的尿濕了，看來皮膚知覺大致上已回復了！

- 等排尿間隔時間拉長後，請引導至廁所練習排泄。

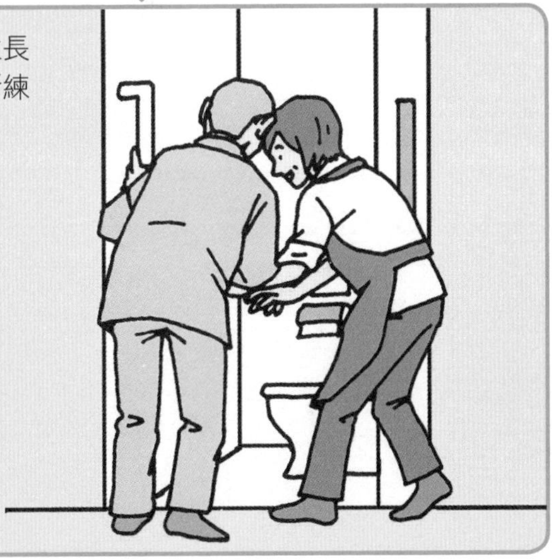

階段③　在尿液仍有溫度時，或在排尿期間告知紙尿褲濕了

- 證明皮膚知覺已經回復。進步到此階段後，排尿感覺也找回一半了。
- 陪他一起為比之前更快察覺歡呼。

- 請年長者下次「在尿出來前就先告知」。

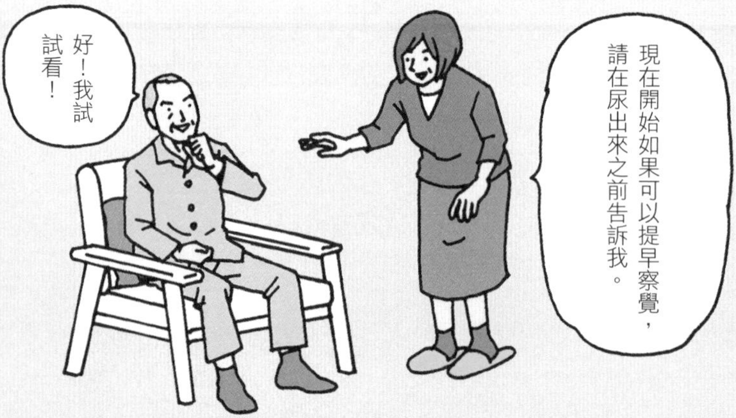

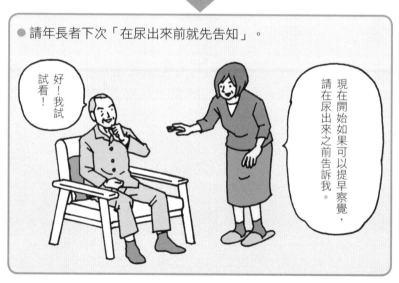

階段④　偶爾可在排尿前告知

- 證明皮膚知覺和排尿感覺都已回復，尿意也找回一半了。
- 若在排尿前告知，可以請年長者在廁所或尿壺裡大小便。

- 發出排尿聲音後，切記請年長者回想暢快的感覺。

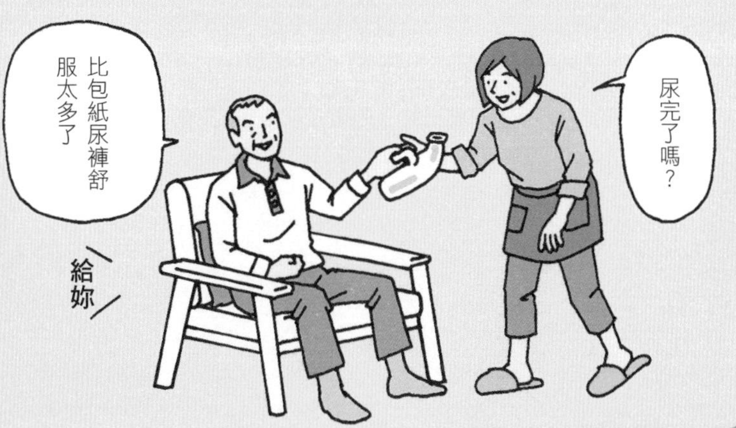

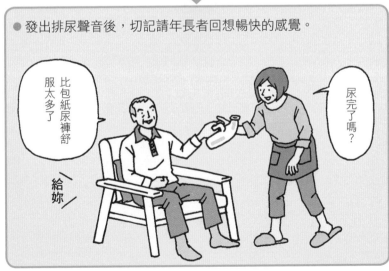

階段⑤　大多能在排尿前告知

- 證明皮膚知覺、排尿感覺、尿意全部回復了。
- 白天時可脫掉紙尿褲，若能坐著，不妨換穿失禁或防水內褲。

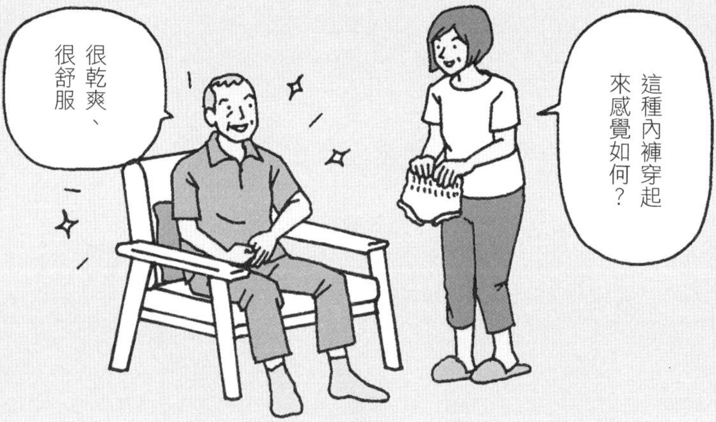

- 無法在排尿前告知時，請思考原因為何。

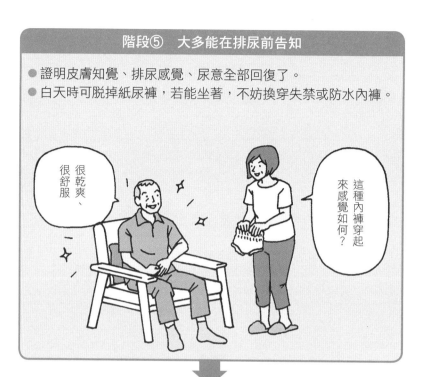

階段⑥　任何時間都能在排尿前告知

恭喜！
成功戒除紙尿褲了！
賀
成功戒除紙尿褲

如同前頁圖文所示，請勿焦急，一步步找回排泄的感覺。或許過程中會反覆地進步、退步，但只要不是重度失智症，多數人應該都能走到階段❻。

等到穩定至某種程度後，不妨再彙整成一張記錄表，檢視每天在各時段的排泄量。當照顧者對一些狀況瞭若指掌，例如可以察覺「這四天都沒有排便」，或是「排尿的時間差不多到了」，將會使排泄照護更為順利。

Q13

想戒除紙尿褲，自行如廁，該如何做呢？

我想諮詢關於照顧父親的問題，他剛包著紙尿褲出院。幸虧家人同心協力，父親的皮膚知覺與尿意大致都已回復。然而，父親因大腦疾病後遺症，造成半身麻痺、手腳無法隨心所欲地活動。

請問若日後想脫掉紙尿褲到廁所如廁，該怎麼做呢？

A

恭喜你父親，即使曾一度包著紙尿褲，但是皮膚知覺和尿意還能夠回復。進步到此階段，距離自行排泄就只差一步了。能夠回復到這個程度，全靠被照顧者的努力，以及照顧者的盡心盡力，請彼此大力稱讚對方，真的非常了不起。

不少照顧者以為，只要無法好好步行，便無法到廁所如廁。事實上，**就算無法步行，只要能站立就可以坐輪椅，這樣便可坐輪椅到廁所如廁**。

即使是半身麻痺的人，只要運用健全側的腳就能站立。不過，半身麻痺者不易取得平衡，切記善用扶手等輔助工

判斷能否站立的標準

①請年長者在床上將雙膝拱起（半身麻痺者只需拱起健全側的膝蓋）。
②指示年長者「抬高臀部」。

若能像這樣抬高臀部，就能站立。

請參考下頁，從起身練習開始嘗試！

若患者幾乎無法如右圖抬高臀部，便需要協助。

請參考 P27，協助年長者起身吧！

具。雖然必須仰賴輔助工具，**但半身麻痺者只要還能夠站起身，就可以坐輪椅去上廁所**。不過，在走廊寬敞的住家坐輪椅移動，或許不會造成問題，但是一般小家庭與看護設施不同，無法頻繁地坐輪椅移動。

因此，首先請將目標設定在可於床邊自行排泄，不需每次都到廁所如廁，接著再依需求整頓環境。左圖可讓各位更清楚如何幫助身體健全的年長者從床上起身；有麻痺症狀的年長者，則應設置輔助扶手，以便利用健全側的手扶著起身。

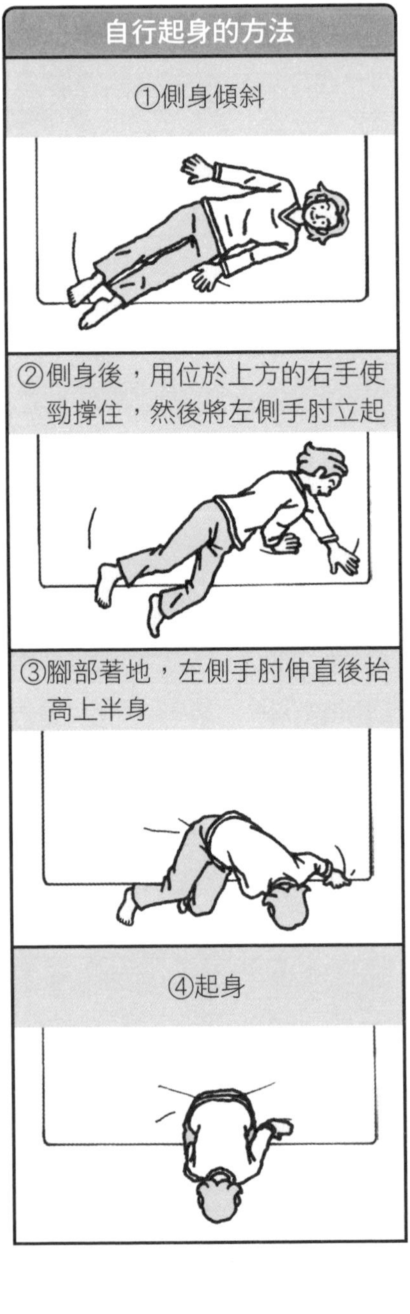
自行起身的方法
①側身傾斜
②側身後，用位於上方的右手使勁撐住，然後將左側手肘立起
③腳部著地，左側手肘伸直後抬高上半身
④起身

改變環境，戒除紙尿褲

下圖為幫助戒除紙尿褲的三大利器。這些輔助工具十分管用，裝設後使用者皆能逐漸不需要紙尿褲。

重點❶ 設置輔助扶手

將扶手裝設在牆壁上需要施工，相當麻煩。但是輔助扶手僅需固定於床邊，易於裝設。有了這種輔助扶手，被照顧者無須特地呼喚照顧者，也能靠自己的力量移乘至移動式便座上。

重點❷ 可調整至適當高度的床鋪

對於無法隨心所欲移動身體的人而言，床鋪

戒除紙尿褲 3 大利器

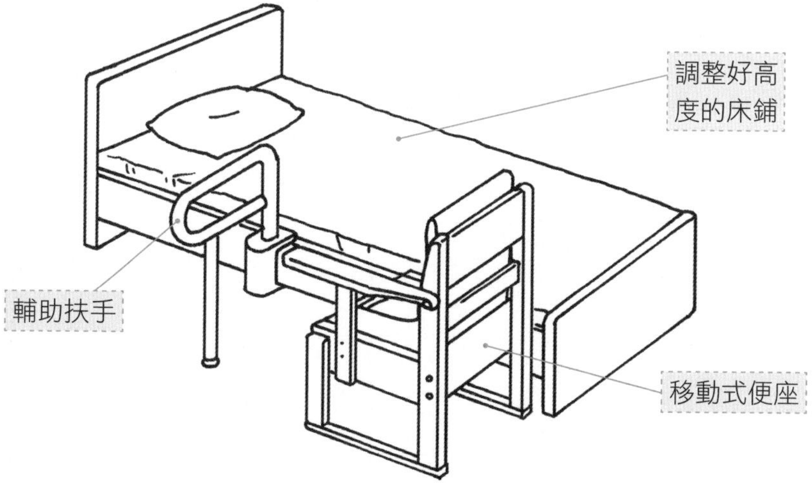

太高會覺得很可怕，無法將雙腳放下。反之，若床鋪太低，雙腳將不易施力、難以站立，所以應考量被照顧者的身高、腳長、肌力等，**調整至容易站立的高度，這點最重要。**

重點③ 移動式便座

設置移動式便座時，應緊靠床鋪。此時應將床鋪的扶手拆除，才能方便移乘。想讓移乘時更輕鬆，**請盡量選擇與床鋪高度相近的移動式便座。**

半身麻痺者的日常注意事項①

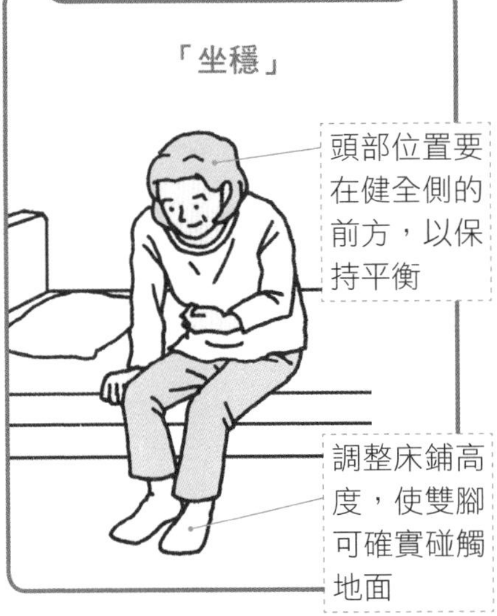

半身麻痺者的日常注意事項②

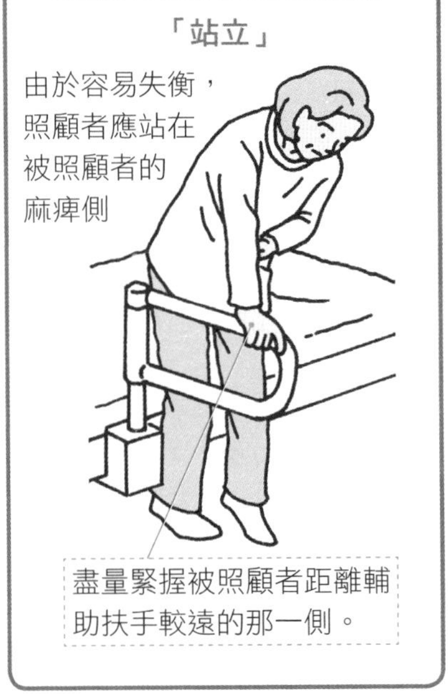

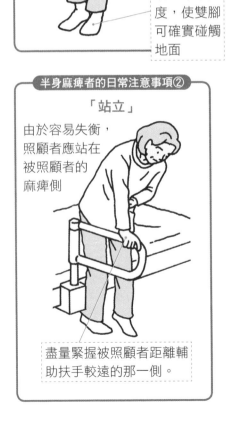

移乘至移動式便座的方法

運用戒除紙尿褲的三大利器，試試如何實際移乘至移動式便座上吧！若能順利完成這些動作，自行排泄將指日可待。

從輪椅移乘至馬桶上時，也可運用這個方法，請務必參考實行。

換乘至移動式便座

①起身

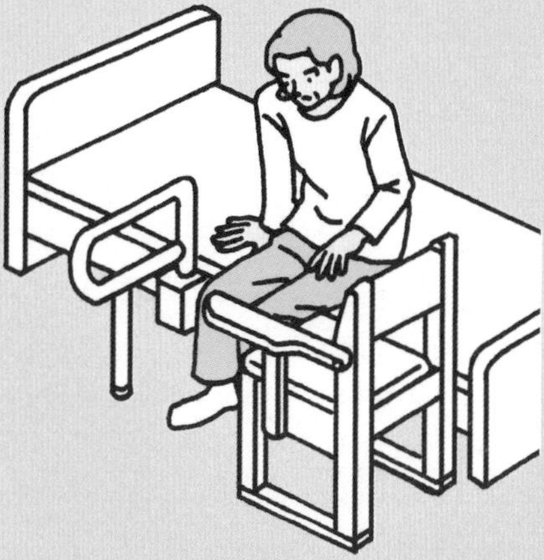

從床鋪上起身，雙腳著地坐起。先坐著將褲子與內褲鬆開，露出一半臀部後，接下來就能輕鬆完成動作。

②緊握輔助扶手

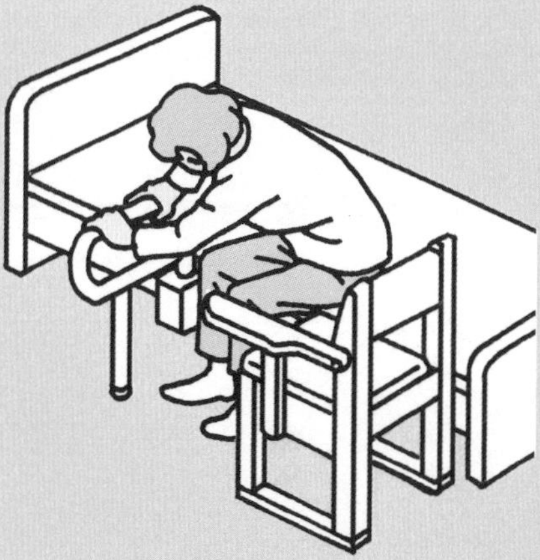

雙手緊握輔助扶手後，將身體往前移動。若未裝設輔助扶手，可以用高度相近的平台或椅子取代。

接下頁

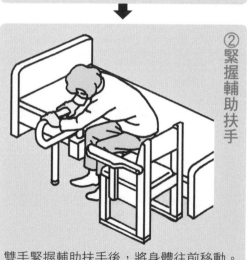

接上頁

③掀開便座底蓋

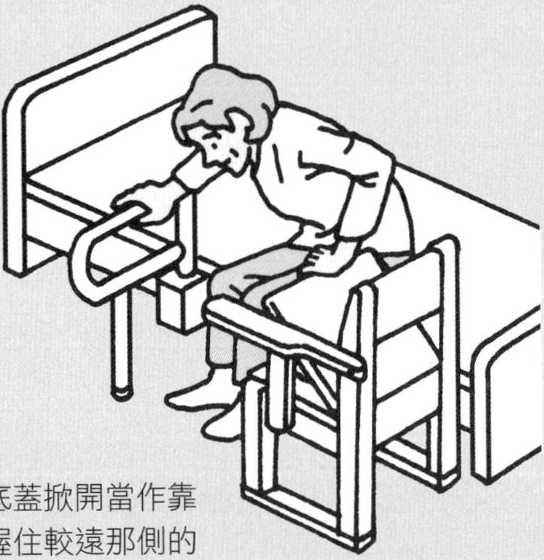

把移動式便座底蓋掀開當作靠背，再用單手握住較遠那側的便座扶手。

④雙手支撐身體

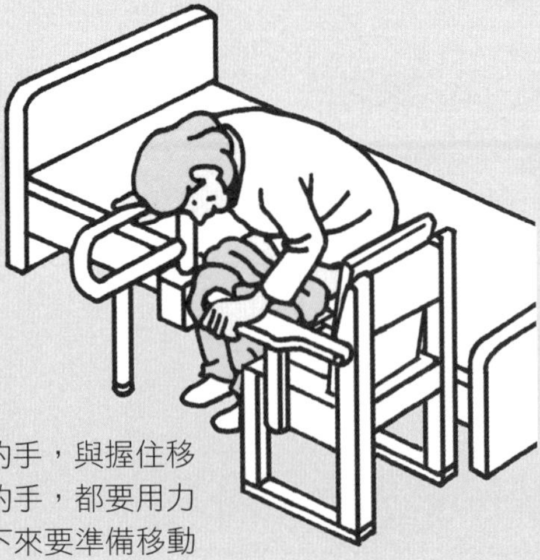

握住輔助扶手的手，與握住移動式便座扶手的手，都要用力握緊，完成接下來要準備移動的姿勢。

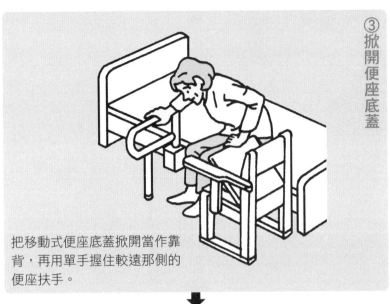

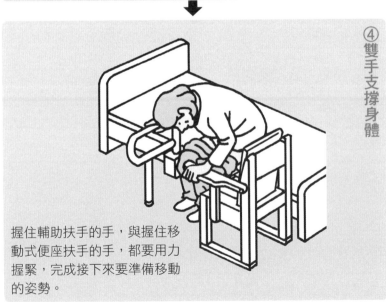

⑤移動臀部

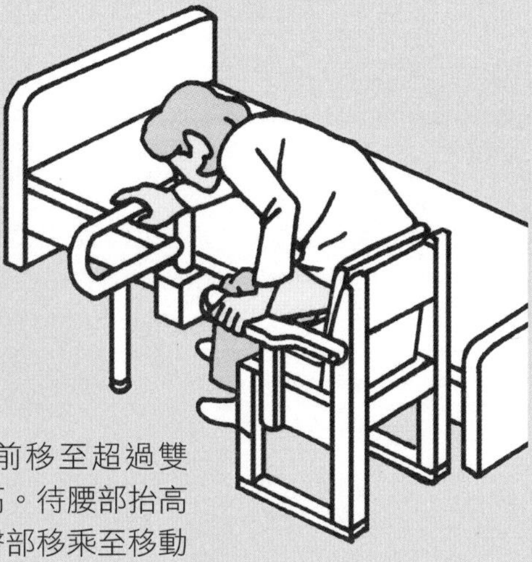

彎腰並將頭部前移至超過雙腳，使腰部抬高。待腰部抬高後，再慢慢將臀部移乘至移動式便座上。

⑥坐下

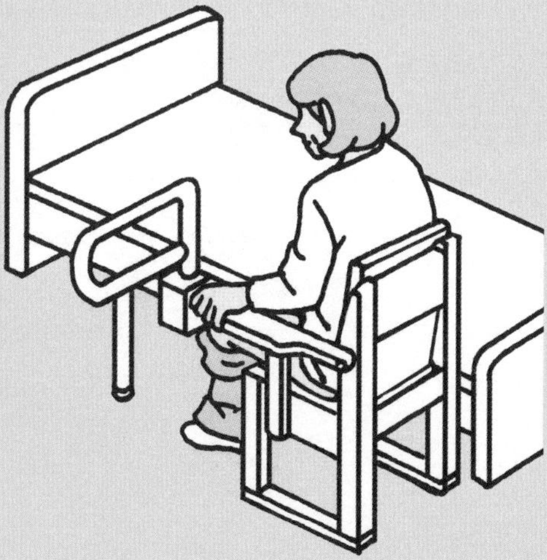

修正坐下的姿勢，盡量坐穩。

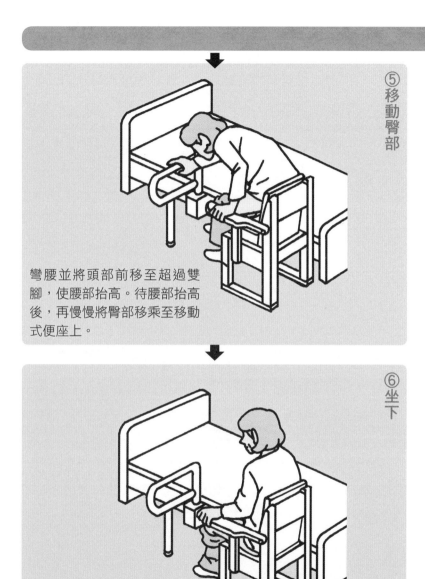

選擇移動式便座的訣竅

想盡力戒除紙尿褲，靠一己之力排泄時，移動式便座是不可多得的利器。但是，應避免選購不適合體型的移動式便座，以免因為使用不便而放棄自行排泄，因此，選擇使用便利的移動式便座非常重要。

此外，為了能夠長期自行排泄，在日常生活中，必須留意保持「正確坐姿」。一旦習慣在坐著時依靠物品，肌力將會不斷衰退。

理想的移動式便座

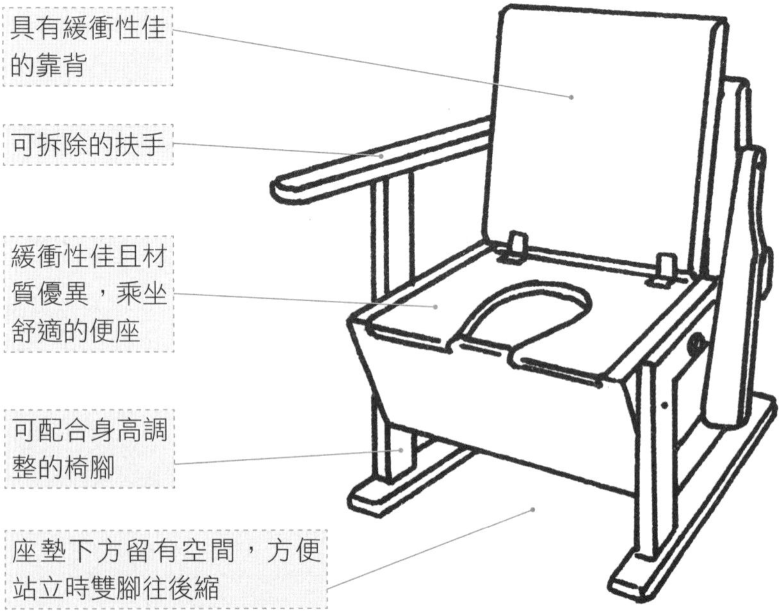

努力維持「正確的坐姿」

端正坐好就是非常理想的復健方法

勿倚靠椅背

習慣依靠椅背，肌力將逐漸衰退，要假設背部沒有東西可以倚靠，這是必須堅持到最後的目標。

依靠坐骨坐在椅子上

姿勢不佳會使骨盆往後傾倒，導致依靠腰力坐著。確實將骨盆挺直，以坐骨坐在椅子上，才是正確的坐姿。

雙腳緊貼地面

坐著時，腳底須連同腳根緊貼地面。

專欄❸ 為什麼要戒除紙尿褲？

我是「戒除紙尿褲學會」的召集人，雖然名為「學會」，卻是人人皆可參加的照護研習，相當平易近人。

我過去曾任職於特別養護老人中心，所照護的對象全是被醫院宣告病情無法好轉的年長者，幾乎所有人都包著紙尿褲。

從充滿眾多醫師、護理師等專家的醫院，包著紙尿褲轉院過來的年長者，我們這些外行的看護人員從未想過替他們脫掉紙尿褲。反正無論尿意或便意，甚至連紙尿褲濕了，他們都看似毫無感覺。

某天，可以自理日常生活的德野先生（七十六歲）要住院接受檢查。他坐在我車上的副駕駛座，然後走進病房。

一週後我去接他時，他被包上紙尿褲，而且還必須依靠輪椅才能移動。

即使我問他：「紙尿褲濕了嗎？」他也回答不出所以然，但是紙尿褲卻已經濕透了。

據說他在醫院上廁所時走路不穩，才會被包上紙尿褲。在醫院時只能二選一，不是到廁所如廁，就是得包上紙尿褲。

這不禁令我思索，過去轉院過來的年長者，並不是因為沒有尿意或便意才非得包上紙尿褲，而是被迫包上紙尿褲後才會喪失尿意、便意，甚至是皮膚知覺。既然如此，只要改變照護方式，應該就能夠回復，得以戒除紙尿褲。因此我才會召集照護相關人員，創立「戒除紙尿褲學會」。

現在，聽說不少居家照護者也能成功協助年長者「戒除紙尿褲」，自行如廁，真的令人感到非常高興。

第4章 實用Q&A

【沐浴篇】

浴室要符合被照顧者的需求，
一般家中常見的落地式浴缸因高度過高，
不利於照護，必須要先改造再使用。

Q14

出院前想改建浴室，該注意哪些細節呢？

父親因蜘蛛膜下出血病倒住院開刀，不久後就可以出院。待他出院後，預計將由母親，以及我這個住在附近的女兒，擔負起主要的照護工作。

為了喜愛泡澡的父親，我與母親商量後，計畫改建浴室以方便照護。改建浴室時，應該注意哪些地方呢？

A

恭喜妳的父親可以出院回家。因為他喜愛泡澡，所以妳很想確保他能像健康時一樣，開心地享受泡澡時光，才會考慮改建浴室。

最近，照護用浴室設施不斷推出各式各樣的產品，但是能夠實際維持妳父親的身體機能，又安全的浴室，究竟應具備哪些條件？

許多標誇「適合照護的浴室設備」，事實上卻是令年長者陷入危險的浴室環境。反而是過去一直使用的家庭浴缸，更適合年長者的身體狀態，因此許多改建根本是本末倒置。以下針對實際照護的情形，提供挑選浴室設備的標準，幫助改建。

比較健康時與半身麻痺時的入浴情形

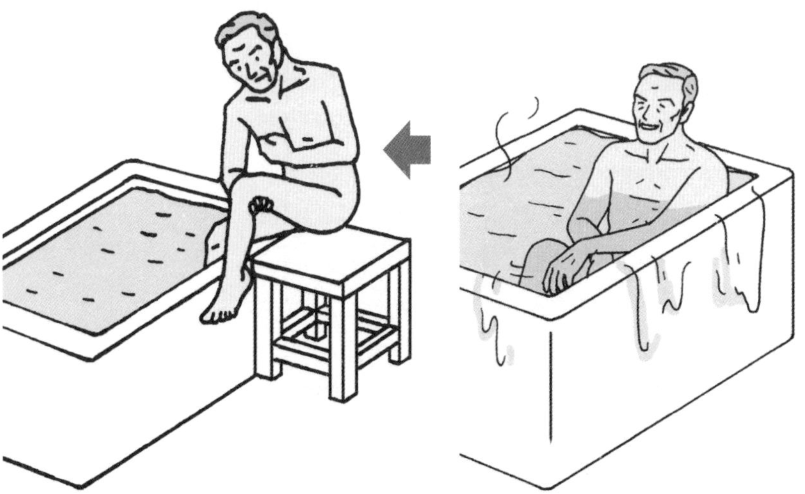

浴缸的類型及安裝方式

浴缸的類型大致分成三種。日本慣用的是和式浴缸，壁面呈直角，深而狹窄為其特徵。相較下，西式浴缸又淺又長，其特徵為上半身躺下後可舒服地坐著。另外，也有取兩者中間值的折衷式浴缸。

浴缸的類型

①和式

身體呈直立狀態進入浴缸，腳會頂到對面的缸壁。

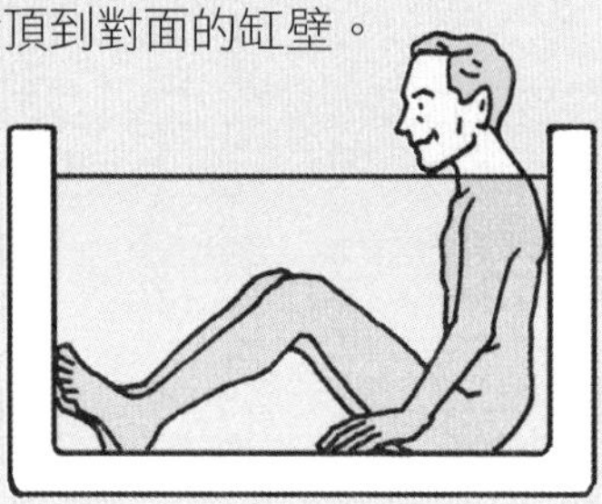

②西式

後背的壁面呈傾斜狀，腳可以舒服地伸直。

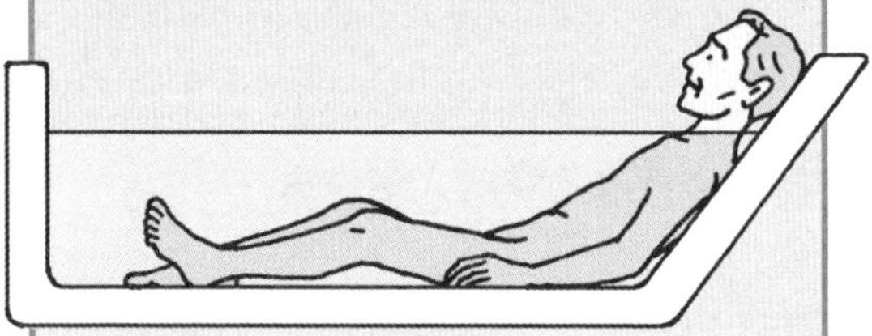

③折衷式

進入浴缸時，身體角度須比西式浴缸直立些，腳會稍微頂到對面的缸壁。

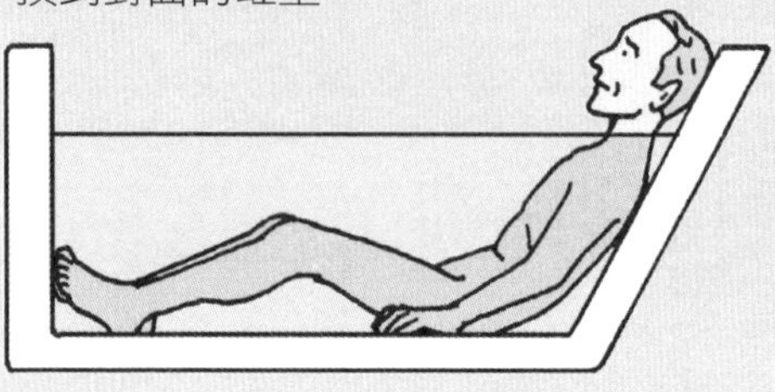

如何裝設上述三種類型的浴缸，對於照護的影響非常重大。假如是近幾年落成的新房子，較常見的為「下沉式浴缸」，普遍稱為「無障礙設施」，屬於盡量縮短高低差的浴缸類型。另一方面，超過十五年的房子，浴缸高度會拉高，「嵌入式浴缸」較為常見。此外，公寓目前則以「落地式浴缸」為主。（編按：台灣以落地式浴缸為大宗，可依需求改建或改造。）

浴缸的安裝方式

①下沉式

浴室地板與浴缸高度相當。

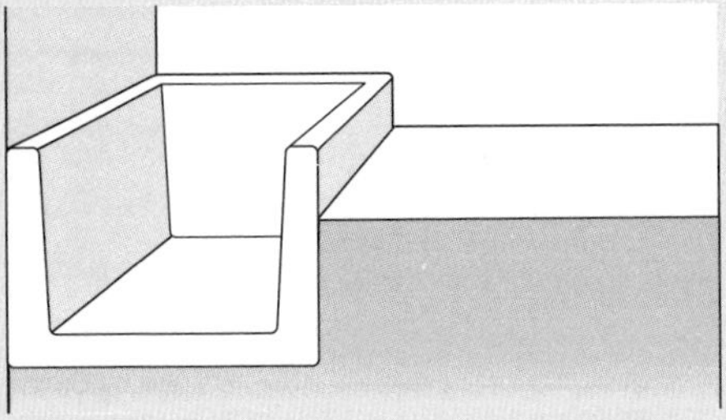

②嵌入式

浴缸嵌入地面內約 20 公分，
會高出浴室地板約 40 公分。

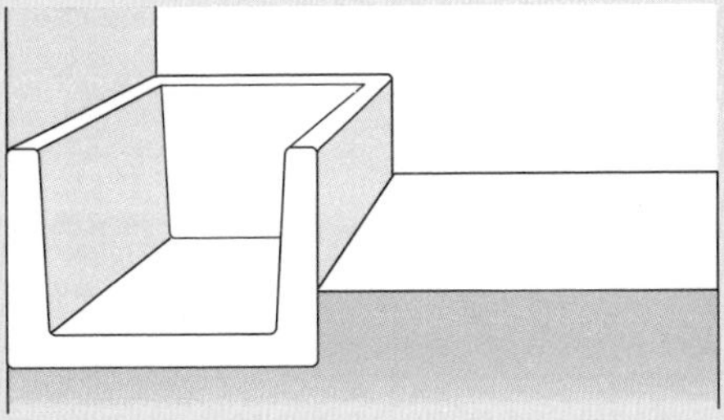

③落地式

浴缸安置在地板上。浴缸的深度
與在地面上凸出的高度一致。

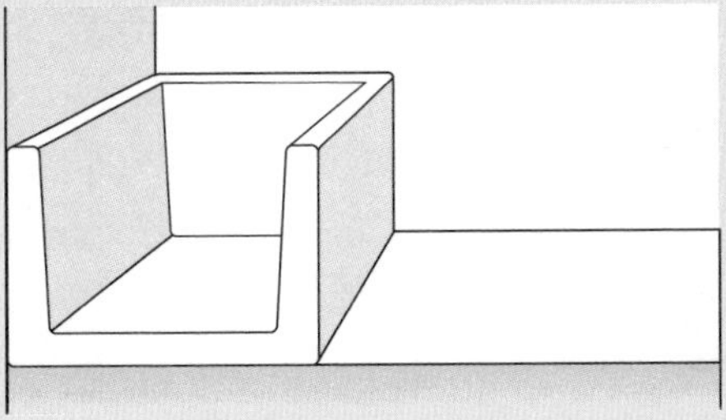

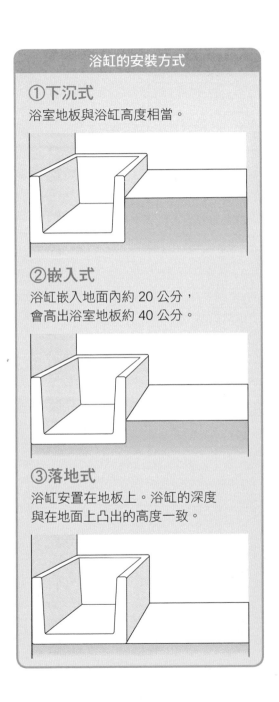

究竟選擇何種類型的浴缸，最適合照護年長者，並且便利又安全呢？恐怕多數人都會認為，「最新款的西式浴缸可以舒服地浸泡全身，感覺應該最為理想」。

然而出乎意料地，**西式浴缸對年長者來說相當危險**。原因在於西式浴缸的壁面呈傾斜狀，雖然可半躺，但會使肌力不足的年長者滑落至水中。此外，想要起身時，浴缸的造型也不易讓年長者呈前傾姿勢，所以很難站起來。

至於安裝方式的安全及危險性，一般人多半會認為「無障礙設施最重要，因此盡量減少高低差的下沉式浴缸最為理想」。

然而，這種觀念卻是大錯特錯。浴缸高度低，想要扶著浴缸跨進去時，必須往前大幅度彎腰才行。對於身體麻痺或是肌力衰退的年長者而言，**「大幅度彎腰」很容易造成跌倒，屬於非常危險的動作。**

無障礙設施的缺點
3歲幼兒
我也可以跨過去喔！
年輕人
無障礙設施真方便
唷
年長者
好、好低呀……
哇啊啊

又窄又深的浴缸，利於照護

到底「適合照護的理想浴缸」是哪一種呢？其實，**「又窄又深，過去人們慣用至今的一般和式浴缸」，可謂最為理想。**

因為浴缸狹窄，雙腳可以確實頂到對面的缸壁，所以不易滑落；此外，對於身體麻痺、左右平衡感不佳的人來說，也沒有往側邊傾倒的空間。而且浴缸深度夠，就能讓年長者全身泡進熱水裡，並借助熱水的浮力，使年長者起身的動作變得很輕鬆。

安裝方式以不太需要前傾，可直接進入的「嵌入式浴缸」較為便利。若想改建浴室，建議採用這種型式。

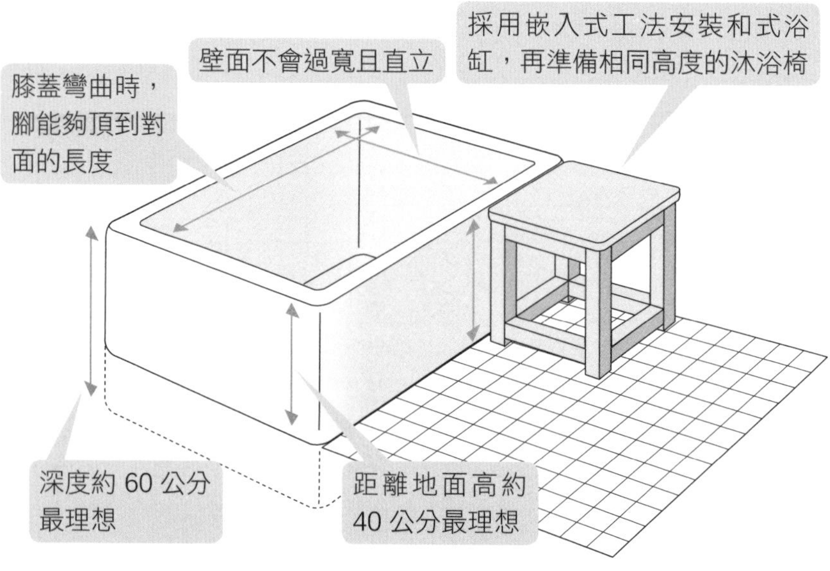

「落地式」浴缸的改裝技巧

話雖如此，並非每個家庭都能隨意改建。想讓現有的浴室變得更安全及方便照護，該怎麼做呢？首先，思考常見落地式浴缸的改建法吧！

落地式浴缸高度過高，使年長者不易進出浴缸是一大問題。**解決之道是在室內鋪上木頭地板，將地面加高，木頭地板到浴缸的高度約40公分最理想。**

關於浴室內使用的木頭地板，也符合長照保險給付的照護用品費用，可以用非常低廉的價格購得。（編按：在台灣，依被照顧者的身體需求，政府亦提供相關補助，相關申請條件請洽各縣市社會局。）

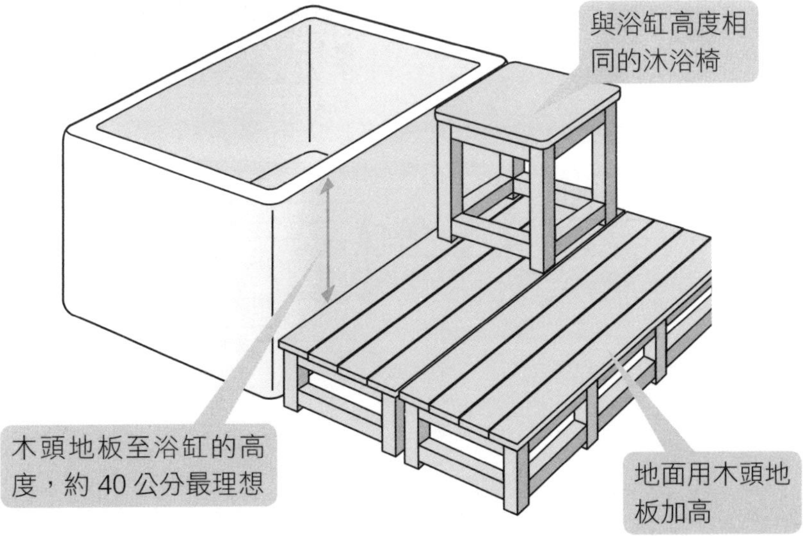

「下沉式」浴缸的改裝技巧

下沉式浴缸是方便身高較矮的兒童，或肌力充沛的大人使用的浴缸。但是，對於身體機能退化的年長者而言，下沉式浴缸的高度過低，一不留神可能就會跌落溺水。

但是，對於照顧者來說，需從較低的位置將年長者抱起，也是容易造成腰痛的浴缸類型。

若自家浴缸屬於這種類型，**不妨使用「浴缸洗澡座板」**；只要架在浴缸上，坐在浴缸洗澡座板上就能進入浴缸。

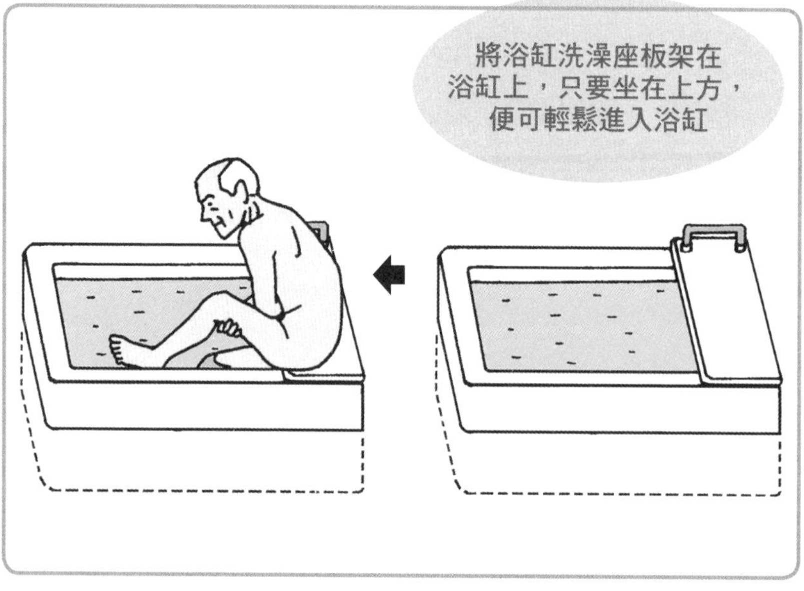
將浴缸洗澡座板架在
浴缸上，只要坐在上方，
便可輕鬆進入浴缸

「長型」浴缸的改裝技巧

使用長型浴缸時，假如雙腳無法完全固定，可能滑落浴缸中，非常危險。

如果家中衛浴使用長型浴缸，**應調整長度，將腳踏台橫放進浴缸裡，讓年長者彎曲膝蓋時，雙腳就能頂得到**。此時，若將一般的腳踏台放進泡澡水中，會因為浮力而無法固定位置，所以建議使用附吸盤的腳踏台。

假如浴缸內有高低落差，可視被照顧者的狀況，盡量坐在高低落差處沐浴（為求安心，可事先在浴缸內鋪上止滑墊），這樣做的缺點是無法讓肩膀泡進水中，但卻可以方便進出。

將腳踏台
橫放進浴缸中，
以調整長度

浴缸有高低差，
也可坐在該處沐浴
止滑墊

Q15

半身麻痺之後，協助更衣很棘手，是否有訣竅？

大約半年前，母親因腦溢血導致左半身麻痺。

雖然她身體麻痺，但是頭腦卻很清楚，我最困擾的是在協助她更衣時；母親從以前就很喜歡打扮，又有潔癖，所以每天都會想更衣好幾次。除了洗澡前後需要更衣之外，「流汗後」或「不喜歡這件衣服」時，就會藉機提出更衣的要求，照護時相當麻煩。

雖然她半身麻痺了，但是有沒有能夠讓她盡量自行更衣的技巧？此外，也請提供我協助更衣時的訣竅。

A

即使身體麻痺還是想要打扮，妳母親真的很注重形象呢！不論生病、身體出現障礙，或是上了年紀，若都能記得要展現女性風采，就能像妳母親這樣，充滿希望地活下去。為了不要打擊母親的願望，希望妳只在迫切需要時再提供協助，基本上仍要鼓勵母親自行更衣。

更衣時，以「著患脫健」為原則

在照護的世界裡，有個名為「著患脫健」的口訣；**意指「從麻痺側開始穿衣服，脫衣服時則從健全側開始」**，這也是更衣的技巧。更衣時記住這個原則，被照顧者自己也能夠輕鬆更衣。

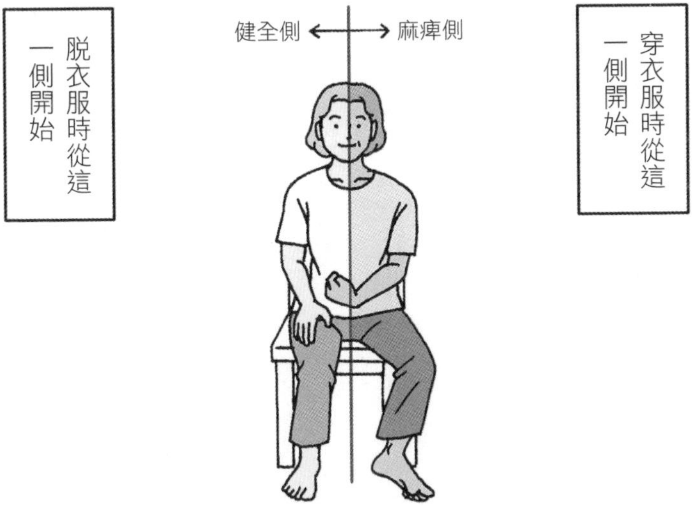

圓領上衣的脫法（以左半身麻痺為例）

①抓住領子

用健全側的手抓住衣領，直接將衣服從脖子往上拉。

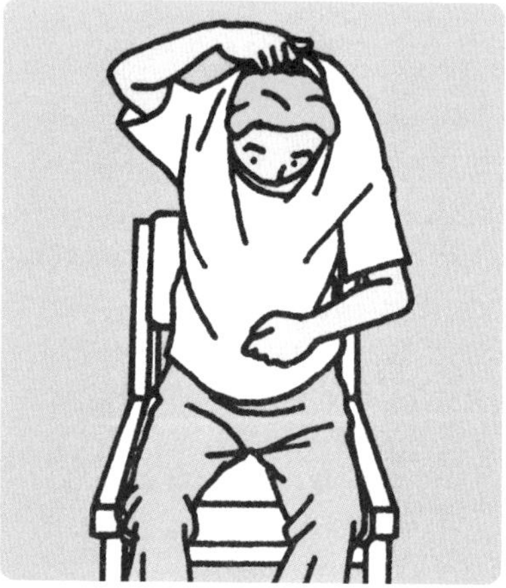

②頭部脫離衣服

直接用健全側的手抓著衣服，使頭部脫離衣服。

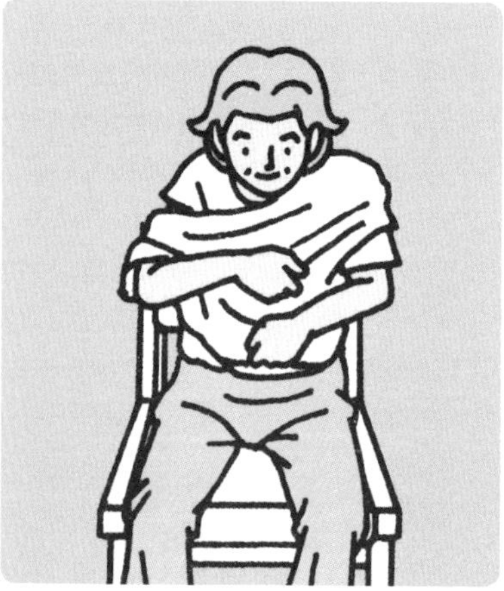

③將健全側的手拉出

將健全側的手從衣服中拉出來。

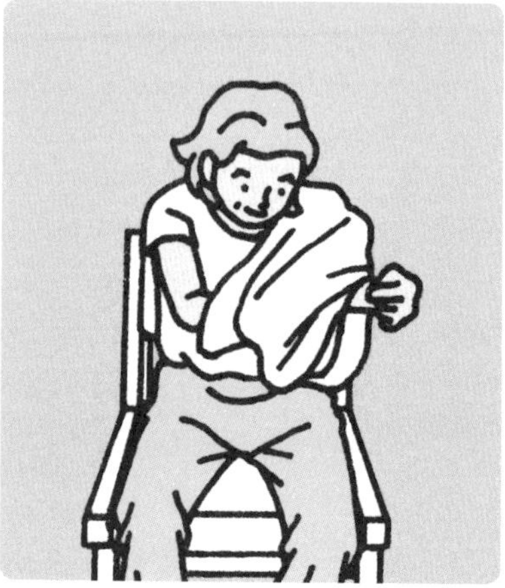

④將麻痺側的手拉出

用健全側的手將衣服從麻痺側的手拉出來。

前開扣上衣的脫法（以左半身麻痺為例）

①解開扣子

用健全側的手解開扣子，不易解開時再予以協助。

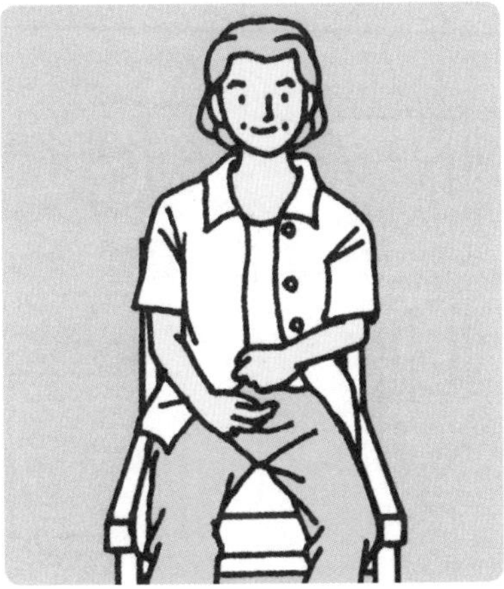

②脫下衣服

將麻痺側的身體傾斜，同時從健全側的肩膀脫下衣服。

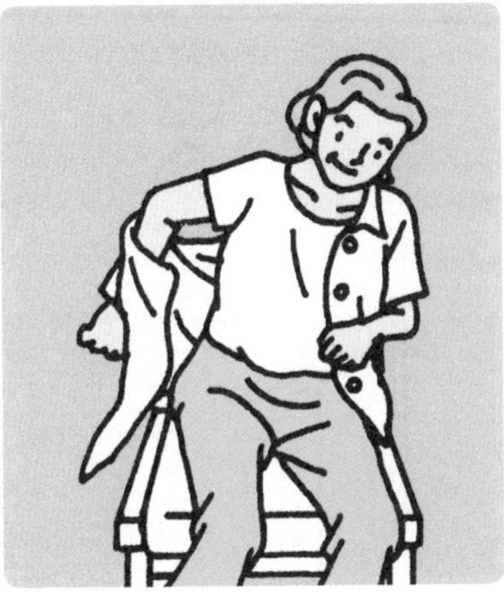

③拉出健全側的手

直接將健全側的手拉出來，使衣服落在後背。

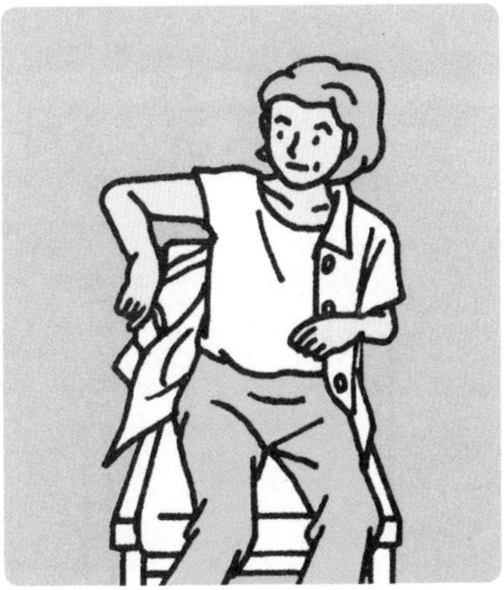

④拉出麻痺側的手

用健全側的手拿著衣服，從麻痺側的手將衣服拉出來。

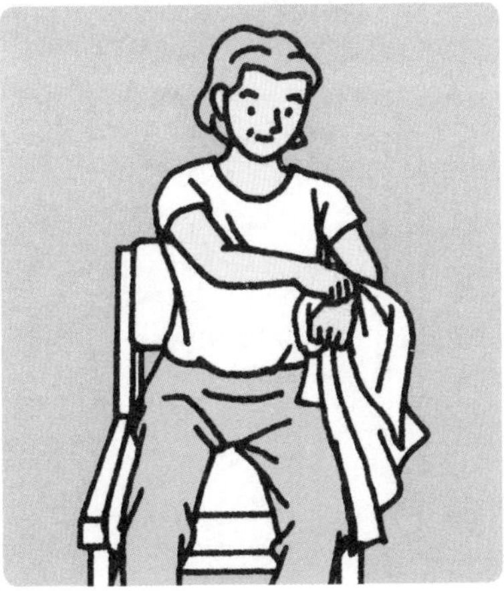

褲子、內褲的脫法（以左半身麻痺為例）

①拉下褲子

解開扣子或拉鍊，盡量將褲子往下拉。

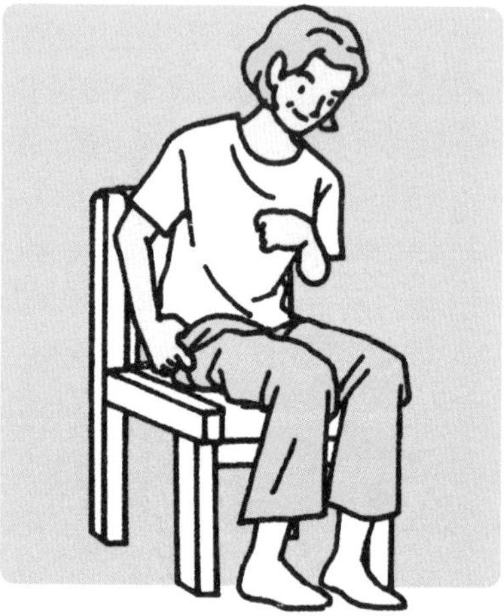

②使褲子滑落

身體前方放置桌子，或是抓住扶手站起，使褲子滑落腳邊。

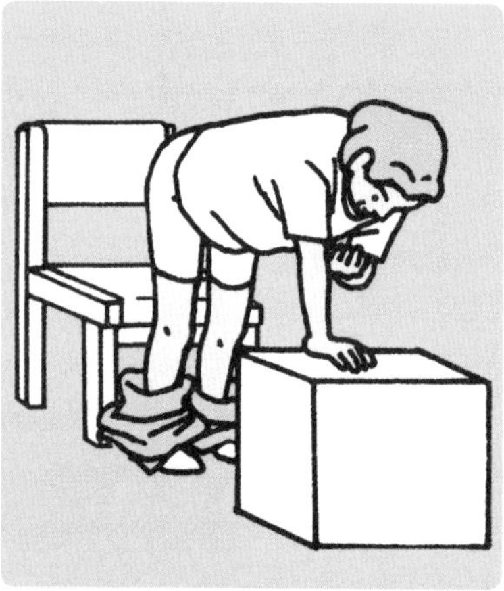

③拉出健全側的腳

坐在椅子上，先將健全側的腳從褲子中拉出來。

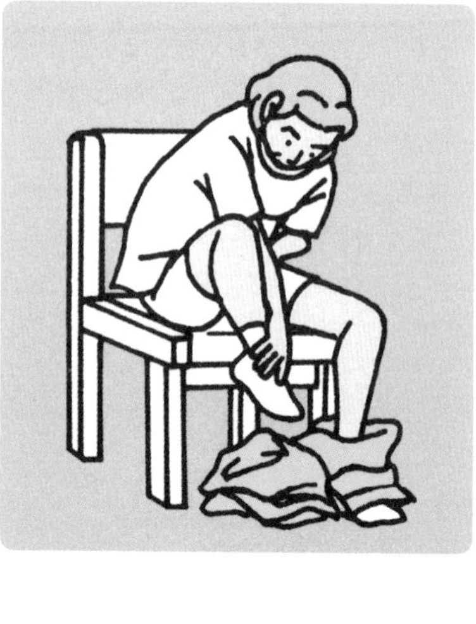

④拉出麻痺側的腳

用健全的手將麻痺的腳提起，再將褲子從麻痺側的腳拉出。

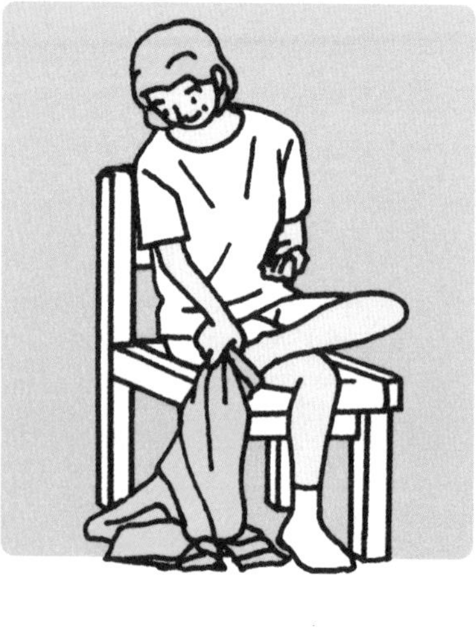

嘗試後感覺如何？依循「著患脫健」的原則更衣，幾乎都可以自行將上半身的衣服脫下。下半身則須視個人狀況，有些人會需要幫忙，不過只要在迫切需要時提供協助即可，所以照顧者的負擔應可減輕不少。

此外，半身麻痺者更衣時還有一點必須特別注意。**那就是「準備的椅子必須夠穩固，雙腳要確實著地」**。只要使用適合體型的椅子，即可大幅減少更衣時可能發生的意外。

女性更衣時需特別費心
更衣室
我脫好了—
來了——
幫妳蓋上毛巾
啪噠
那我們進去浴室吧
好
即使浴室的距離不遠
呼～～
切記也要細心照護

圓領上衣的穿法（以左半身麻痺為例）

①麻痺側的手套上衣服

用健全側的手抓著衣服，將衣袖套上麻痺側的手。

②穿上衣服

用健全側的手將衣服拉起，從頭部將衣服穿上。

③健全側的手套上衣服

頭部穿過衣服後，將健全側的手套進衣服並穿過衣袖。

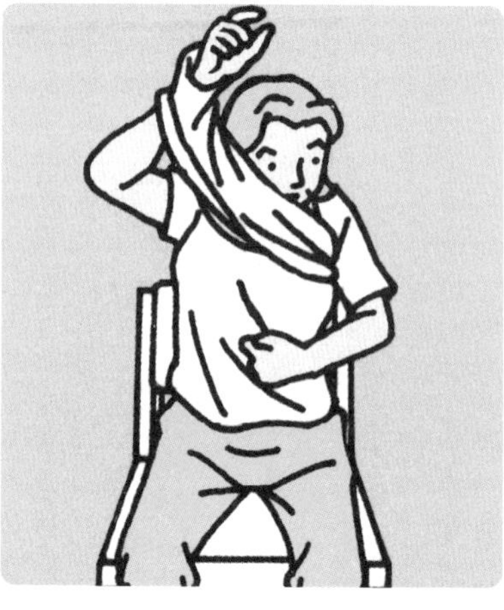

④拉下衣服

用健全側的手抓著衣服，將衣服往下拉後穿整齊。

前開扣上衣的穿法（以左半身麻痺為例）

①麻痺側的手套上衣服

用健全側的手抓著衣服，將麻痺側的手套入衣袖中。

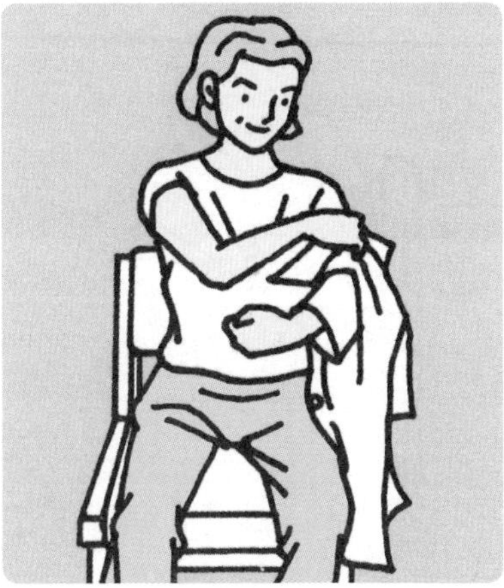

②披上衣服

用健全側的手抓著衣服，從後背將衣服披上。

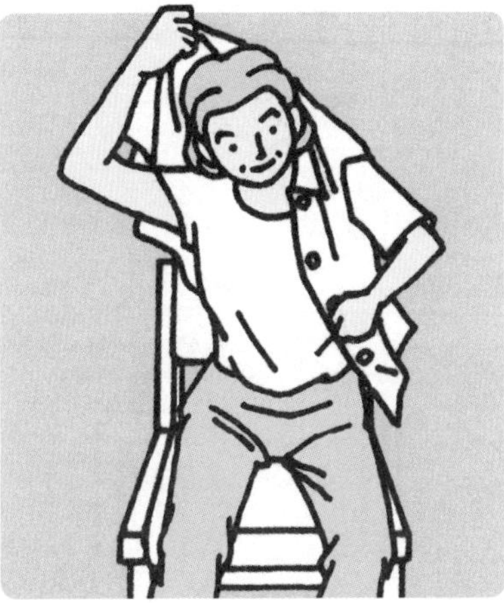

③健全側的手套上衣服

將健全側的手套入披上的衣服，並穿過衣袖。

④扣好扣子

用健全側的手扣好扣子，有困難時再予以協助。

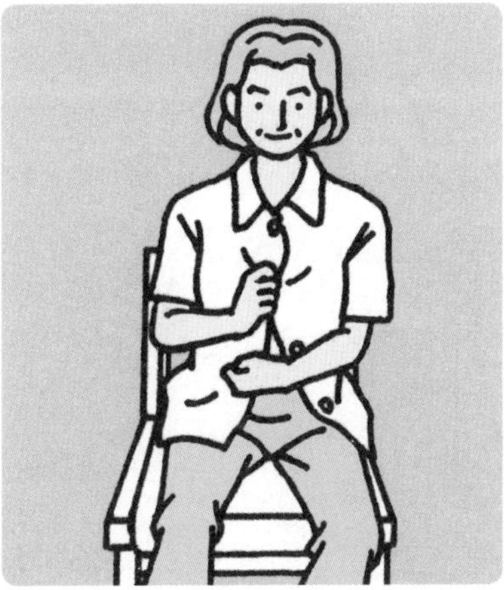

褲子、內褲的穿法（以左半身麻痺為例）

①麻痺側的腳穿上褲子

用健全側的手將麻痺側的腳提起，將腳慢慢地套進褲子。

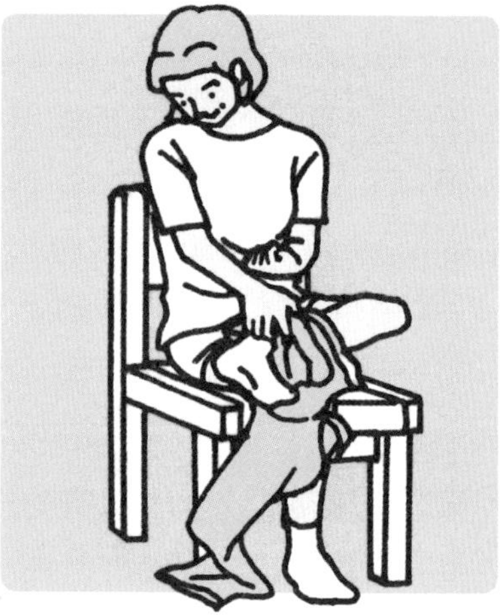

②健全側的腳穿上褲子

將健全側的腳穿過褲子，將腳慢慢地套進褲子。

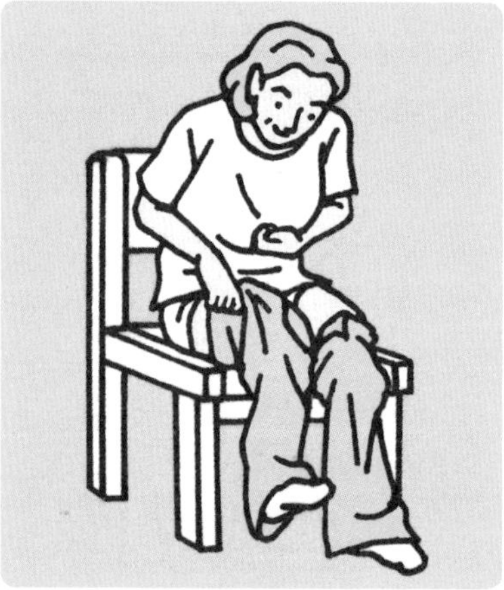

③拉起褲子

扶著桌子或扶手站起來，由照顧者拉起褲子。

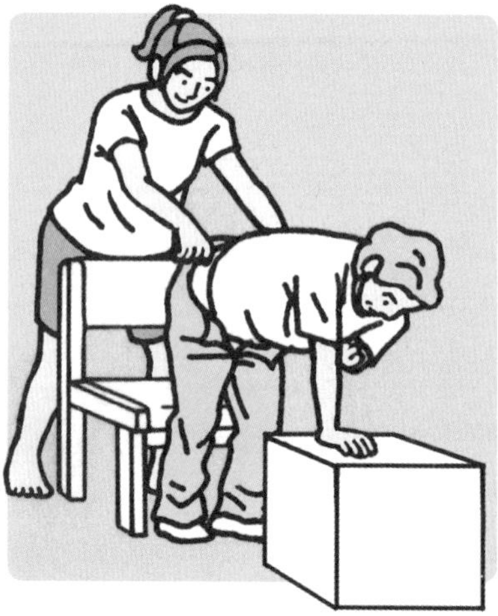

④穿上褲子

將褲子拉至腰間後，拉上拉鍊或扣上扣子。

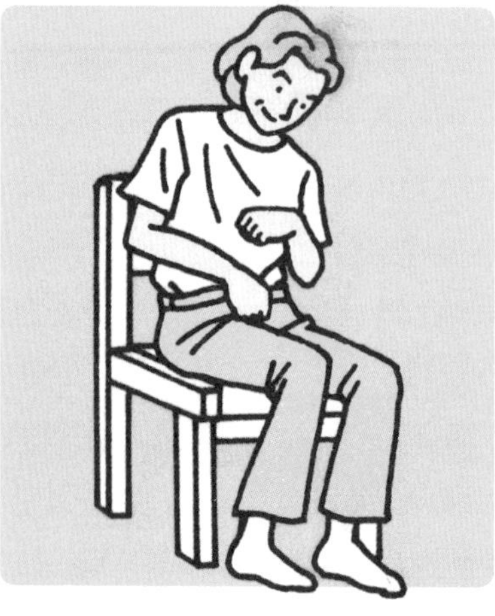

無論穿衣或脫衣時，務必坐在穩固的椅子上進行穿脫的動作。

尤其是**剛洗澡後要穿衣時，最好在椅子上鋪浴巾**。只要留意這些小地方，就能避免身體還處於微濕狀態的年長者滑倒，或因椅子潮濕導致不舒服的情形。

此外，剛洗好澡時，**切記在浴室內將身體徹底擦乾後再離開浴室**。除了避免跌倒的危險，冬天時穿上衣服前若未完全擦乾身體，也容易會著涼，請務必多留意。

Q16

由配偶以外的人協助半身麻痺者沐浴，該怎麼做？

我的母親因大腦疾病故左半身麻痺，目前由我這個女兒負責照護。母親很愛美，即使冬天也想每天洗澡，但是協助沐浴屬於重度勞動，導致我的腰很疼。

雖然我希望申請日照服務協助沐浴，但是母親「在家人以外的人面前，不好意思脱光衣服」，所以似乎不太可行。

我家的浴室只有一般設備，請指導我如何協助沐浴，才能盡量不造成照顧者的負擔，從容實行。

A

在家中協助家人沐浴時，最重要的就是「盡量請被照顧者自行進入浴缸」。一般來說，多數人都認為協助沐浴比協助飲食或如廁更辛苦。不過，只要依循幾個重點，協助沐浴其實很簡單。

以下說明協助沐浴的基本步驟。首先，**第一個重點就是「準備和浴缸高度相同的沐浴椅，坐在這張沐浴椅上清洗身體」**。

接下來，請將重點放在從沐浴椅移動的動作上。

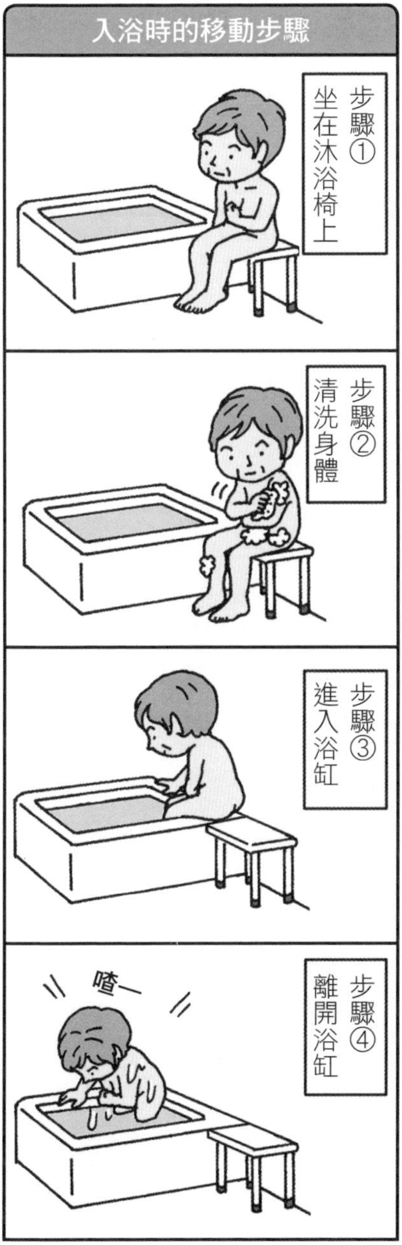
入浴時的移動步驟
步驟① 坐在沐浴椅上
步驟② 清洗身體
步驟③ 進入浴缸
步驟④ 離開浴缸
嗒—

步驟❶ 坐在沐浴椅上

在更衣室脫下衣服後，首先坐到浴缸旁的沐浴椅上。移乘至沐浴椅上時，無須完全站起來，只要稍微用腳支撐身體即可。

沐浴椅應放在面向浴缸後，身體健全側的角落。由於移動持需要以健全側的手腳為支點，所以左半身麻痺者盡可能放在面對浴缸的右側，右半身麻痺者則要放在面對浴缸的左側。

從輪椅移乘至沐浴椅時，若能使用扶手或腳踏板可輕易拆除的輪椅，將使移動過程更順利及方便。

如何坐在沐浴椅上（以左半身麻痺者為例）

①手放在浴缸邊緣

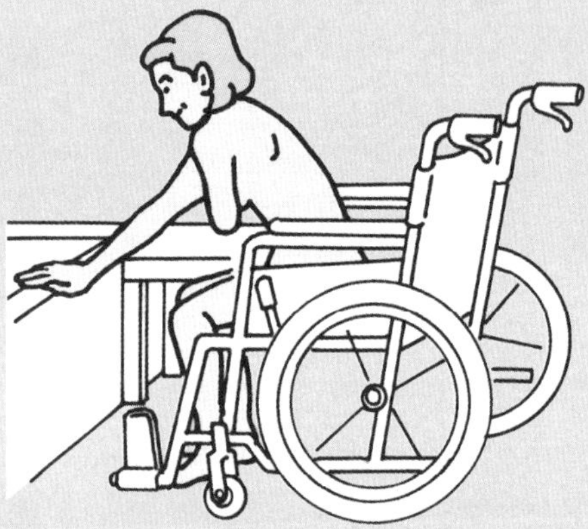

腳踏地板，將健全側的手放在浴缸邊緣。

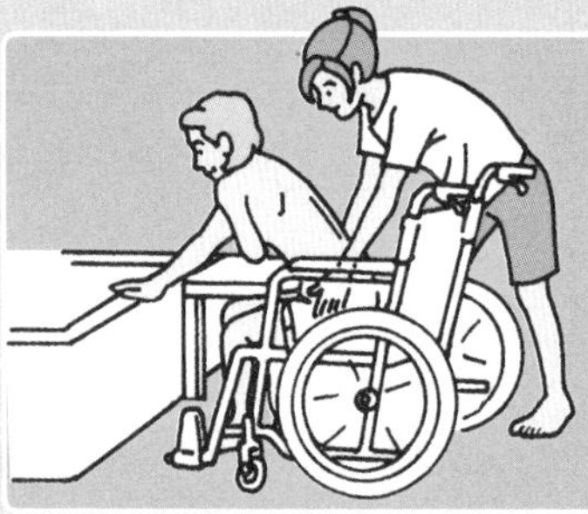

協助時，請用雙手輕扶起被照顧者的臀部。

②腰部抬高

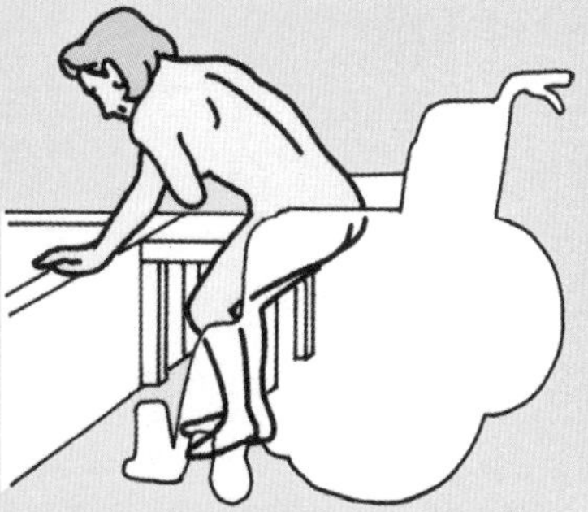

採取前傾姿勢，並將腰部抬高。

照顧者協助時，請抬高被照顧者的腰部，使臀部可往前移動。

③轉動身體

用手支撐，並以健全側的腳為支點轉動身體。

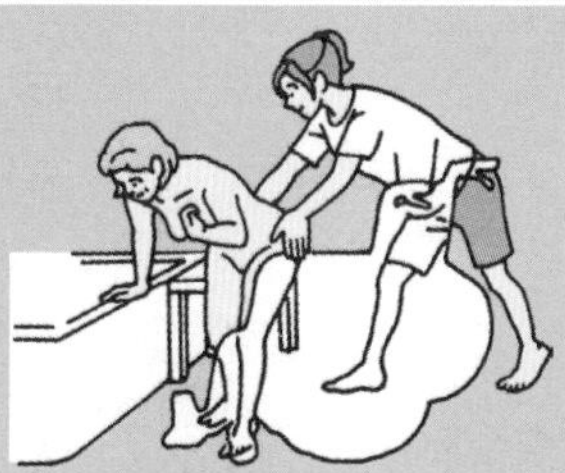

照顧者協助時，請引導被照顧者的臀部轉動。

④坐在沐浴椅上

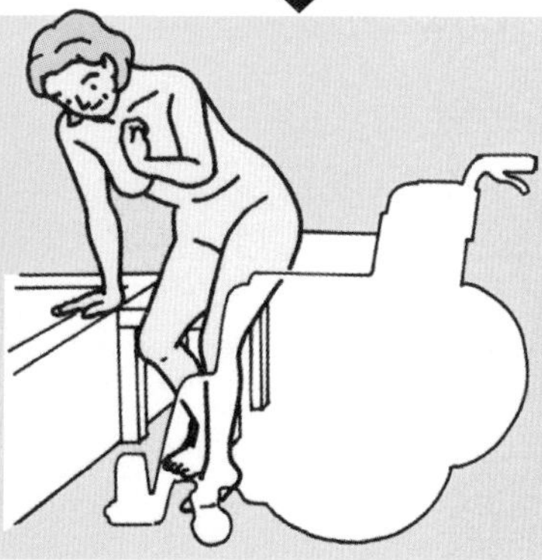

步驟❷ 清洗身體

坐在沐浴椅上之後，下一個步驟就是清洗身體。

順序如下，坐穩後再用洗臉盆裝熱水淋濕身體。接著將沾有肥皂的毛巾遞給年長者，切記盡量請他自行清洗。**照顧者常會不自覺地協助被照顧者清洗全身，請將洗澡當作生活中的復健，盡可能讓被照顧者自己動手**。

不過，陰部周圍較容易藏汙納垢，並導致肌膚問題，建議要由照顧者協助清洗。

首先，須請被照顧者用毛巾清洗

清洗臀部（靠沐浴椅支撐時）

另外準備一張與浴缸高度一致的沐浴椅，將雙手靠在沐浴椅上。等腰部懸空後，再由照顧者清洗臀部。

清洗臀部（可自行站立時）

把健全側的手放在浴缸前方，呈前傾姿勢讓腰部懸空，由照顧者清洗臀部。

陰部，然後再請他站起來，由照顧者將臀部、洗不乾淨的陰部周圍、大腿後側等部位徹底清洗乾淨。

最後，再用熱水將身體上殘留的肥皂沖洗乾淨。此時，或許有些人會認為，「沖洗身體的熱水流進浴缸可能會弄髒洗澡水」，即便再小心，的確很難避免弄髒的熱水流入浴缸內。但是，為了將浴缸的浮力發揮至極限，浴缸內其實是裝滿熱水的狀態，所以髒水一流進浴缸後洗澡水就會溢出來，使浮在表面的肥皂或髒汙全部流出浴缸外，所以不需要太過神經質。

如何進入浴缸（以左半身麻痺者為例）

①將健全側的腳放入浴缸

請扶著被照顧者，避免他跌倒，再請他自行把健全側的腳放入浴缸。

【重點】

事先將洗澡水放滿，才能充分運用浮力。

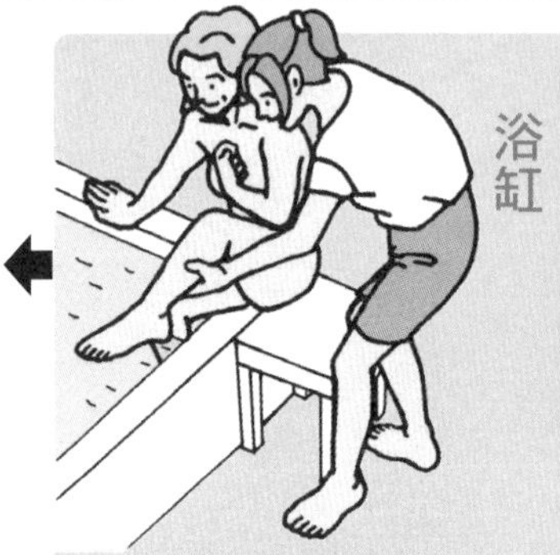

②將麻痺側的腳放入浴缸

繼續扶著背部，並協助將麻痺側的腳放入浴缸。

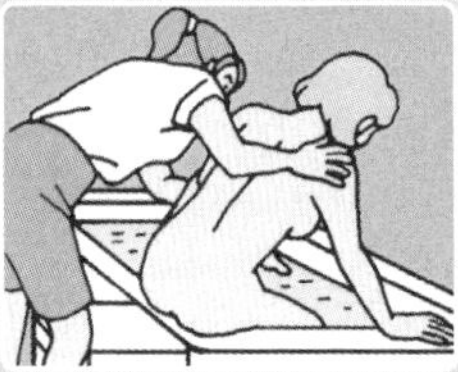

步驟❸ 進入浴缸

年長者與半身麻痺者不同於年輕人，若是站著進入浴缸，將有失去平衡之虞，十分危險，所以請務必先坐在沐浴椅上，再進入浴缸。

進入浴缸時，很多照顧者都會擔心「滑落」的問題，於是大費周章從旁協助。但是，只要浴缸裡裝滿洗澡水即會產生浮力，所以身體其實會被浮力撐起。憑著被照顧者僅存的力量與浮力，照顧者並不需要額外出力，記得稍微撐扶即可。

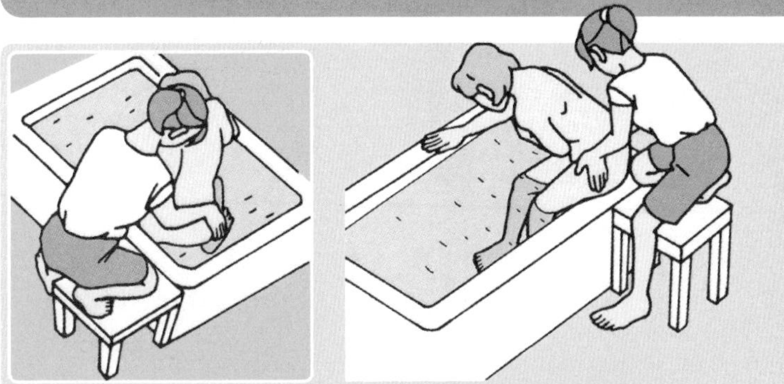

③扶著臀部

待被照顧者雙腳碰觸到浴缸底部後，照顧者單膝靠在沐浴椅上，扶著被照顧者的臀部。

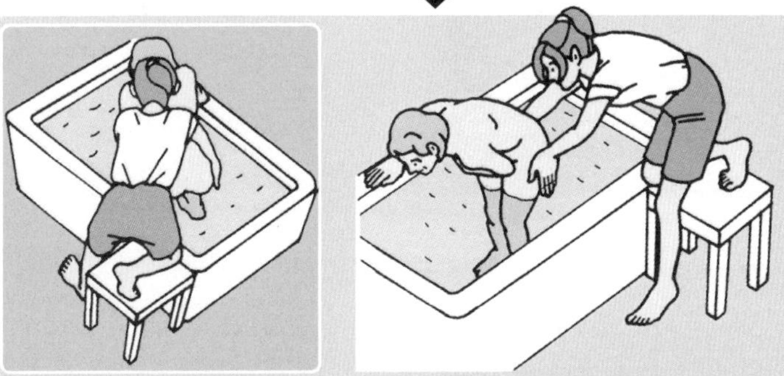

④全身進入浴缸

請被照顧者呈前傾姿勢，並將臀部往前推。

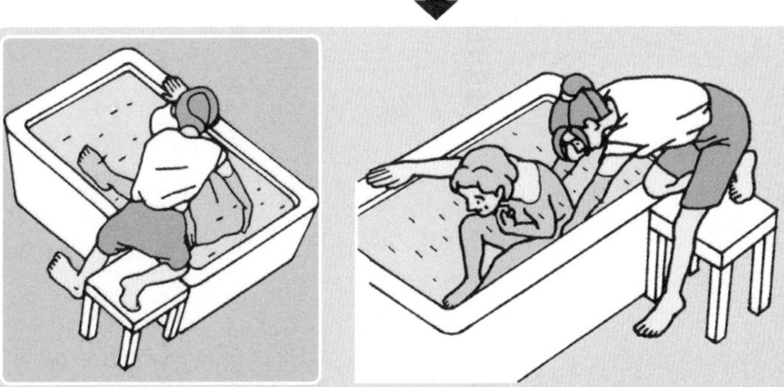

⑤臀部坐進浴缸

保持前傾姿勢，利用洗澡水的浮力，慢慢地將身體泡入水中。

如何離開浴缸（以左半身麻痺者為例）

準備

事先將沐浴椅稍往浴缸中央移動。

①請年長者將健全側的腳往內縮

浴缸要裝滿洗澡水，以便利用浮力。照顧者將單膝放在沐浴椅上，減輕腰部負擔。

步驟❹ 離開浴缸

協助無法自行離開浴缸的年長者從浴缸中起身時，許多照顧者總得費一番工夫。若僅靠照顧者出力將身體拉起，很容易造成腰痛。

協助離開浴缸的秘訣，就是善用人體自然動作與浮力。

換言之，**只要掌握「腳往後縮，身體往前傾，靠浮力抬高臀部」**這三**點**，不需要額外出力，就能讓年長者離開浴缸了。

②將手放在浴缸前方的邊緣

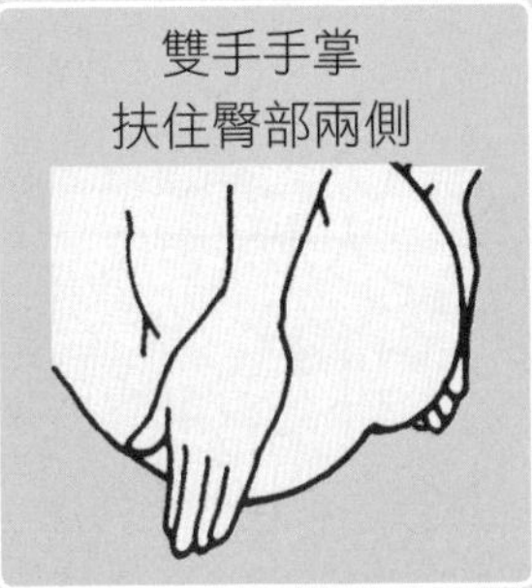

請被照顧者將健全側的手盡量往前伸，放在浴缸前方。

③被照顧者將身體往前傾

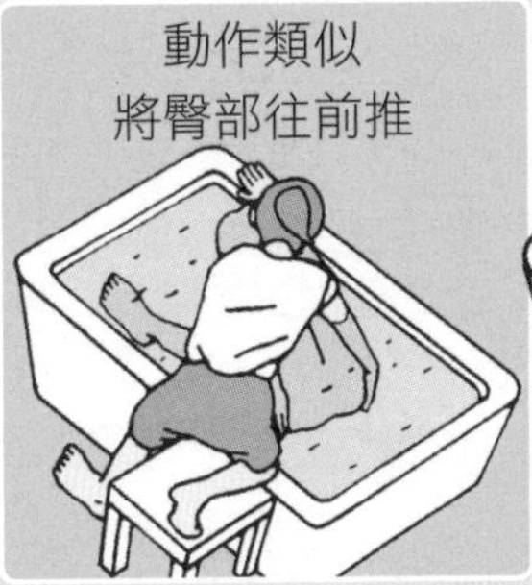

使被照顧者的頭部頂向前方，將身體往前傾。

④臀部會自然浮起

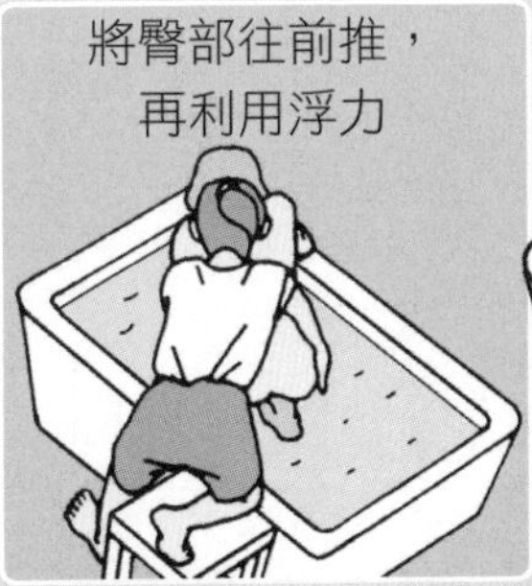

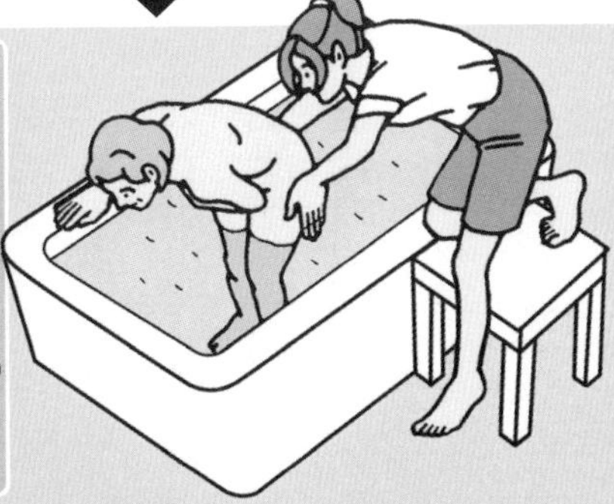

在浮力作用下，會使臀部自然浮起。

接下頁

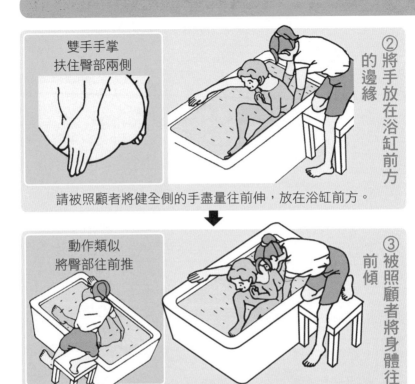

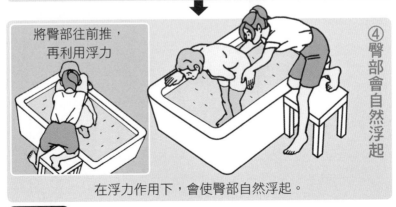

如何離開浴缸（以左半身麻痺者為例）

接上頁

⑤引導至沐浴椅

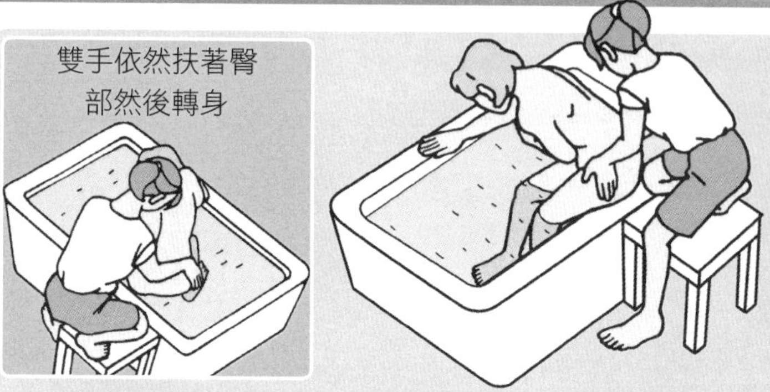
雙手依然扶著臀部然後轉身

請被照顧者將手放在浴缸邊緣，直到坐上沐浴椅為止。

⑥坐上沐浴椅

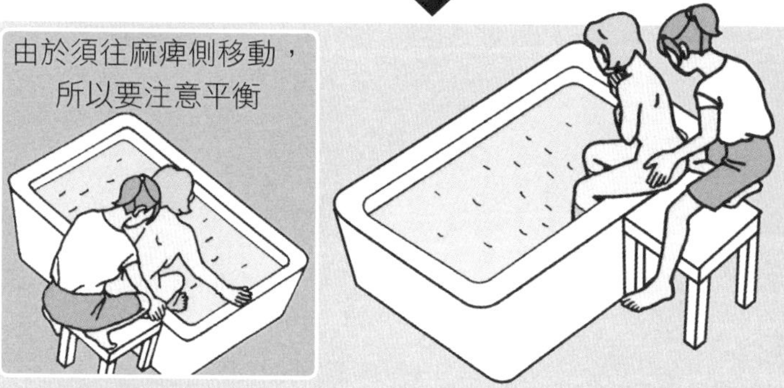
由於須往麻痺側移動，所以要注意平衡

確認雙腳確實接觸到浴缸底部，然後請被照顧者將手收回身體附近。

從浴缸離開時，最容易造成照顧者腰痛的動作，就是引導至沐浴椅這段過程。照顧者常會不自覺地想將被照顧者的臀部抬起，但是將臀部往正上方抬起的動作，並不符合人體自然動作，因而妨礙被照顧者僅存的力量，效率非常低。

協助離開浴缸時，不可將臀部抬起，而須以雙手扶住臀部，做出

⑦麻痺的腳離開浴缸

在背後支撐以免
往後傾倒

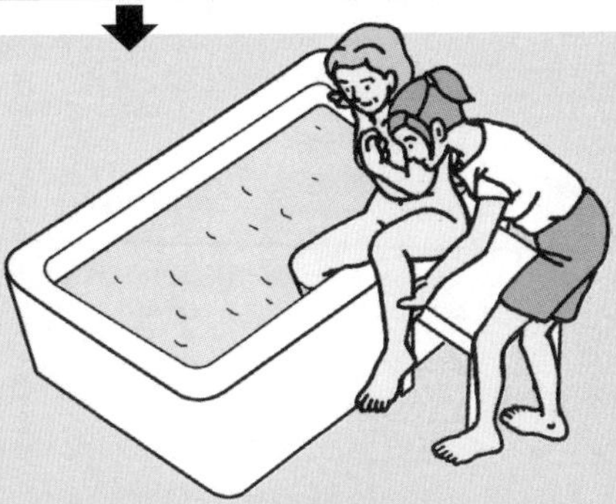

請被照顧者用手抓著浴缸邊緣，協助將麻痺側的腳離開浴缸。

⑧健全側的腳離開浴缸

請被照顧者自行將健全側的腳跨出浴缸。此時，被照顧者放在浴缸的手，以及照顧者在背後支撐的手都不能移動，直到完全離開浴缸為止。

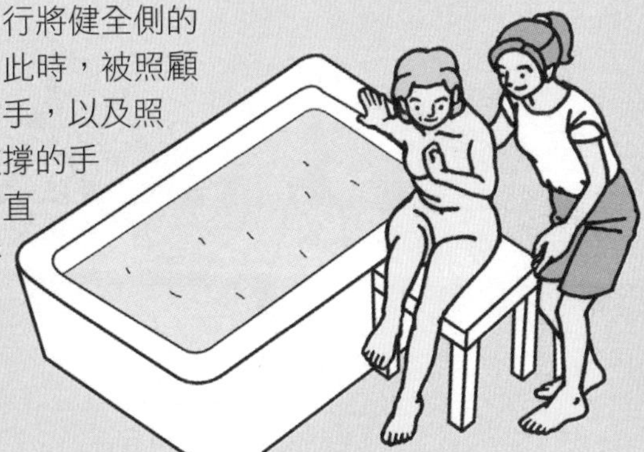

類似往前推的動作。只要留意這點，協助入浴就會變得很輕鬆。

此外，當被照顧者的手腳肌力非常孱弱，或是彼此間的身材相差懸殊時，協助沐浴有時會很不順利。此時有另一個方法，就是照顧者可將單腳跨進浴缸中協助沐浴。我將於下頁中介紹此方法，假如不適用一般作法時，不妨納入參考。

如何離開浴缸（指左半身麻痺且彼此身材懸殊時）

①請被照顧者將腳往內縮

請被照顧者將健全側的手盡量往前伸，放在浴缸前方；再請他將健全側的腳往內縮靠近身體，接著，請照顧者將單腳跨進浴缸中。

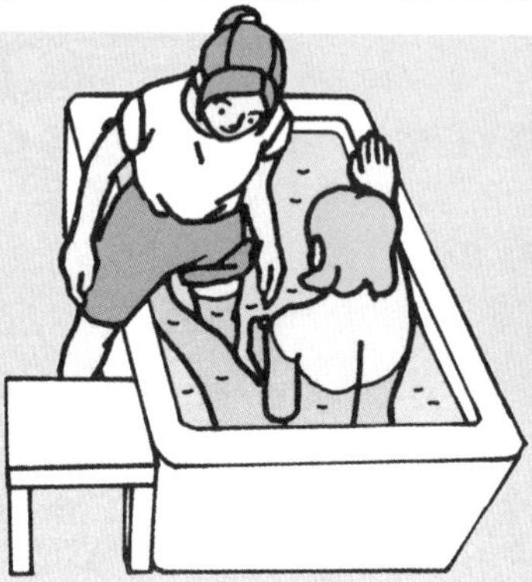

②請被照顧者把身體往前傾

請被照顧者把身體往前傾，照顧者將雙手伸向被照顧者的後背處，一起扶著被照顧者的臀部。

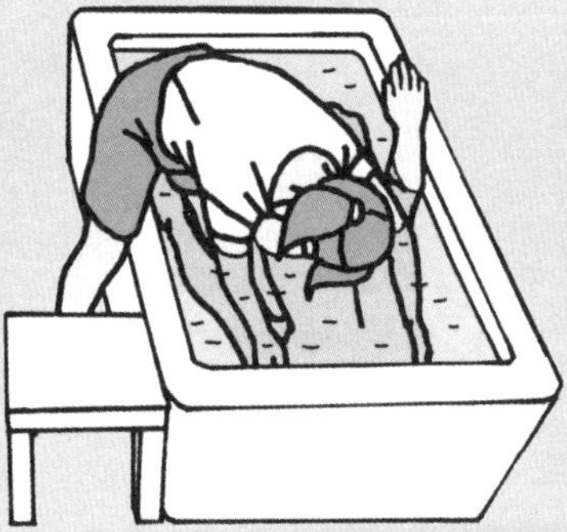

③拉起臀部

將被照顧者的臀部往面前拉起，這樣就能靠浮力作用使臀部自然浮起。

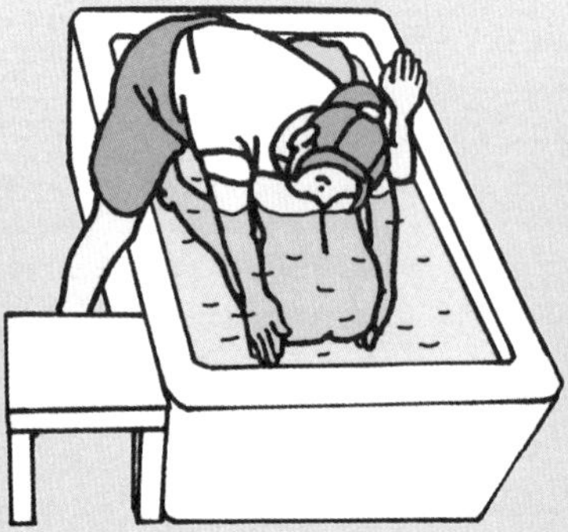

④引導至沐浴椅

等臀部浮起後，再引導被照顧者移動至沐浴椅。

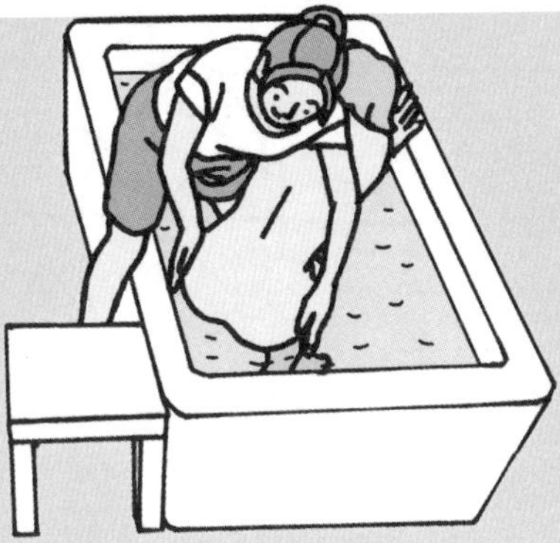

⑤請被照顧者坐上沐浴椅

請被照顧者坐上沐浴椅。確認雙腳確實接觸浴缸底部，再請被照顧者將手收回身體附近。

⑥雙腳離開浴缸

從背後扶著被照顧者，以免他往後傾倒，依序將腳移出浴缸。接著，請被照顧者自行將健全的腳跨出浴缸。

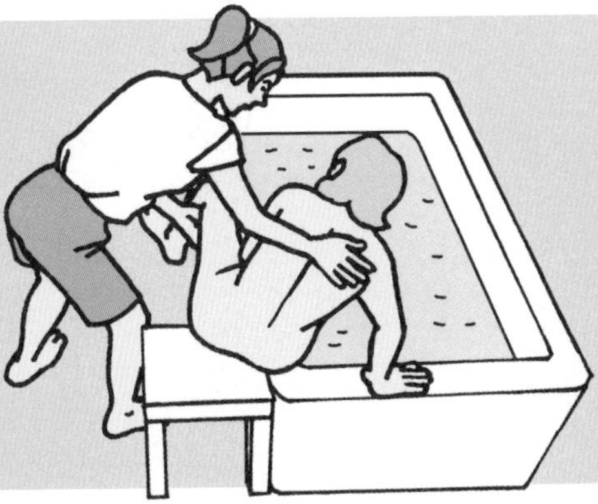

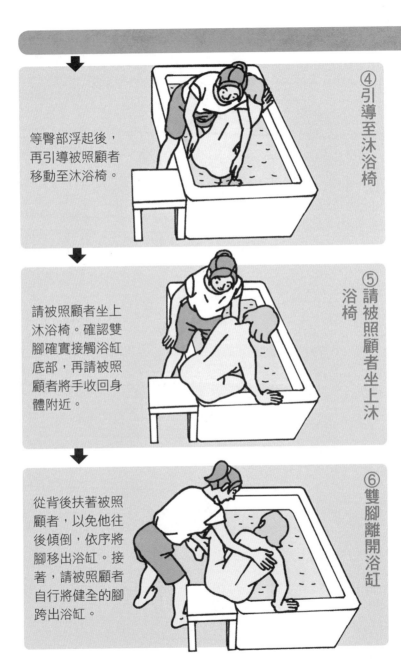

Q17

協助半身麻痺的妻子沐浴時，有什麼技巧嗎？

妻子因為腦瘤手術產生後遺症，導致四肢麻痺。雖然可以坐著，但是她無法站立，也無法行走。

目前由她的丈夫，也就是我獨自負責照護。辛苦的程度一言難盡，尤其是每天協助沐浴最辛苦，讓我完全失去自己的時間。

再這樣下去，無論時間或體力都令人吃不消，能否提供一些好方法呢？

A

提到居家協助沐浴，許多家庭都是先協助被照顧者沐浴、更衣，待這些瑣碎工作全部結束後，才能輪到照顧者沐浴。雖然這是不得已的作法，但是一天進行數次，將時間都耗費在沐浴上，對於忙碌的居家照護者而言，是非常浪費時間的一件事。

此時，如果是夫妻，便可善用兩人之間的關係，**協助沐浴時不妨採用「一起洗澡」的方式**。除了夫妻之外，母女或是父子亦可，總之，只要是「能坦裎相見的關係」即可。

這種一起沐浴的協助入浴法，除了可以節省時間，也能減少照顧者腰部的負擔，可謂非常有效率的沐浴方式。

每天至少花一小時協助妻子沐浴

完全沒有自己的時間，所以總是洗戰鬥澡
啪喳

照顧者也一起進入浴缸

假如照顧者可以脫掉衣服一同沐浴，作法與一般協助沐浴時完全不同。**一起沐浴時，請讓被照顧者坐在照顧者的膝蓋上，再一起坐進浴缸裡**，使用這種方式，進出浴缸時幾乎無需耗費太多力氣。

一起進入浴缸的方法

①腳進入浴缸

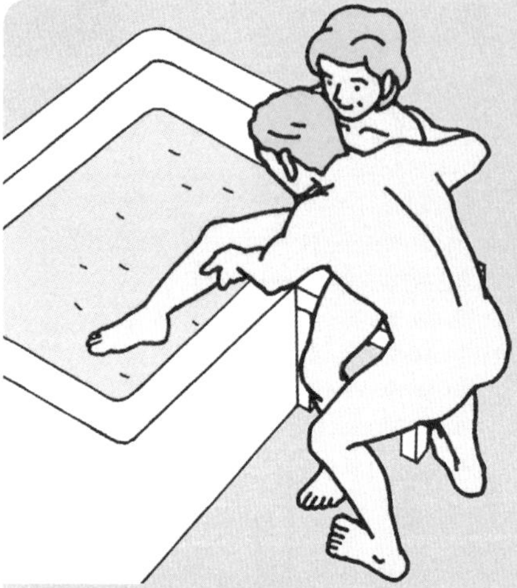

從背後扶著以免往後傾倒，一次將一隻腳依序放進浴缸。

②照顧者進入浴缸

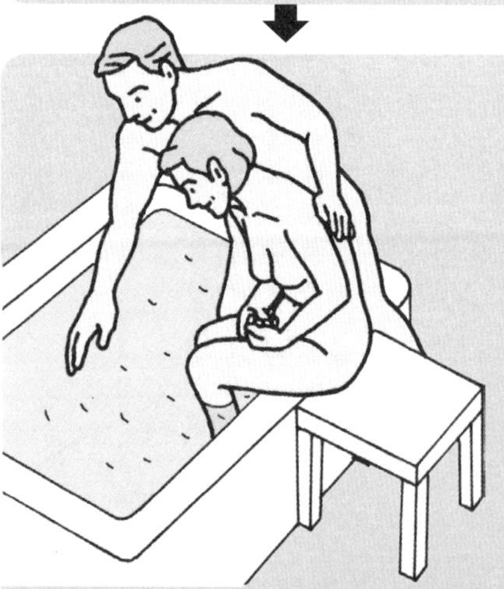

等妻子雙腳都觸碰到浴缸底部後，丈夫再一同進入浴缸。此時手不可離開背部，以免妻子往後倒。

③引導進入浴缸

請妻子採取往前傾的姿勢，避免身體搖晃。扶著臀部，從沐浴椅引導至浴缸裡。

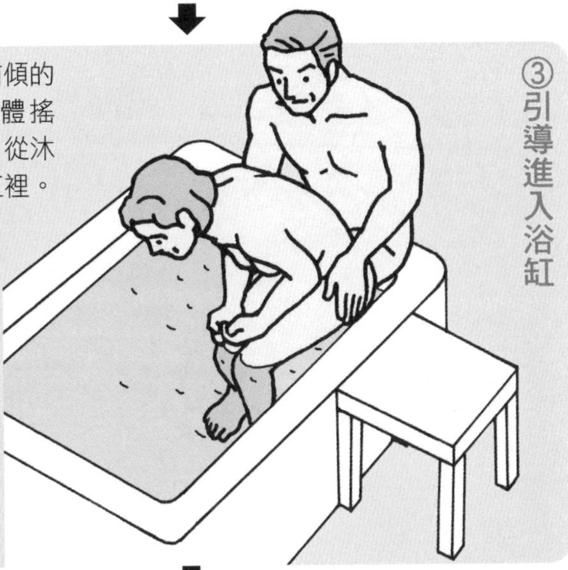

④讓臀部坐在膝蓋上

保持往前傾的姿勢，讓妻子的臀部坐在丈夫的膝蓋上。此時丈夫為半蹲狀態。

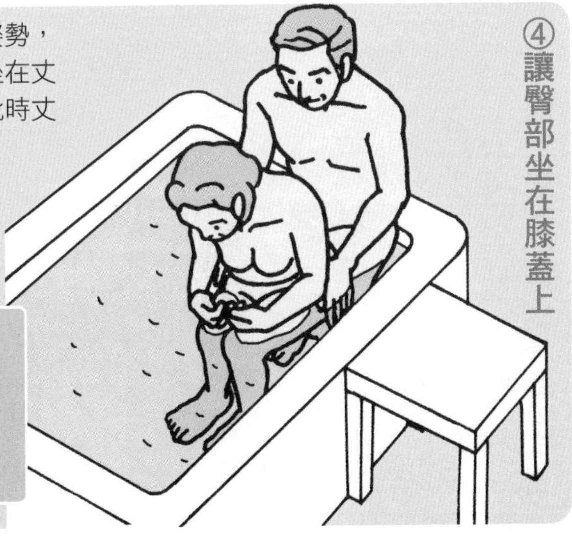

接下頁

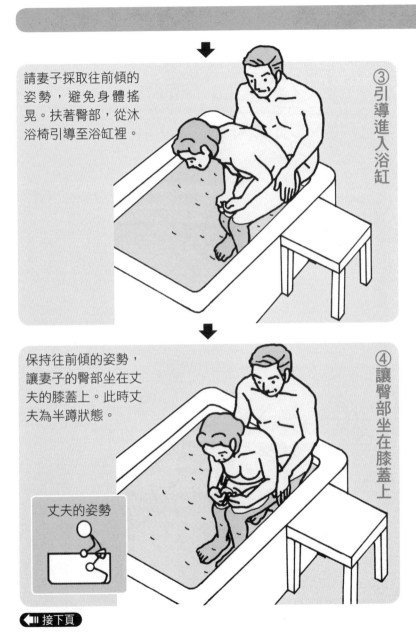

一起進入浴缸的方法

接上頁

⑤整個膝蓋往下移動

保持妻子坐在膝蓋上的姿勢，利用洗澡水的浮力慢慢將整個膝蓋往下移動。

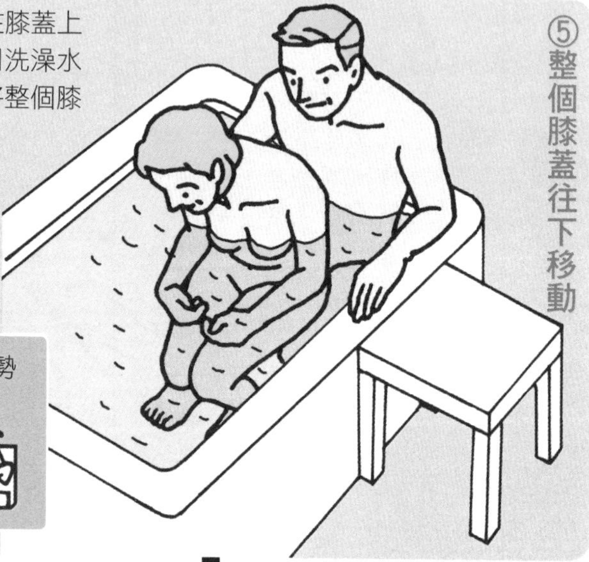

⑥一起沐浴

可視浴缸的寬度及當下的狀況，讓妻子離開膝蓋，或保持坐在膝蓋上的姿勢，直接跪坐著入浴。

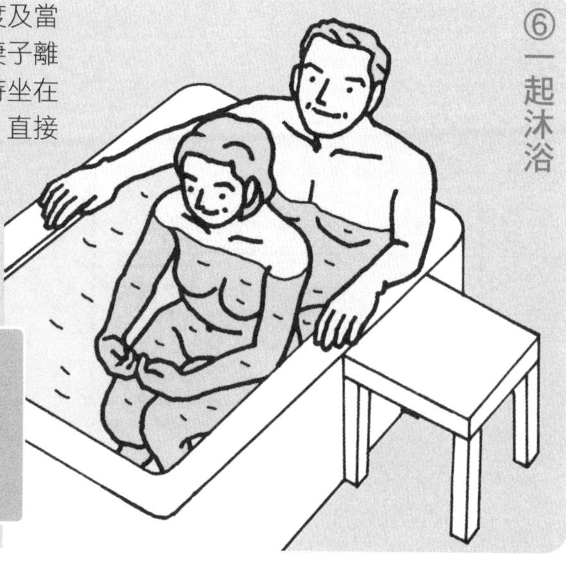

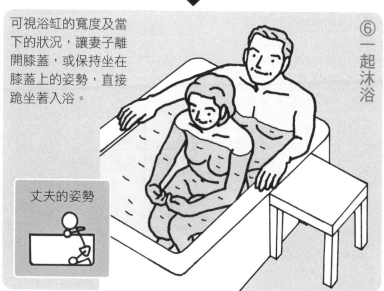

常聽聞夫妻一同沐浴後，彼此間的關係變得更緊密。由家人肩負起主要照護工作，常會從長年一同生活的關係，衍生出「不必特地聊天交流」的想法，容易缺乏溝通。

假如能夠一起沐浴，就能創造促膝長談的難得機會。泡在溫熱的洗澡水裡聊天，又能肌膚相親，既寧靜又放鬆。雙人共浴的恬適時光，是唯有家人擔任照顧者時，才能營造出來的美好時光，請好好珍惜。

寶貴的共浴時光
因為「方便」才開始兩人共浴
腰好痛
無論因為什麼理由
都是一個肌膚相親的好機會
可以捶肩膀
今天我突然
偶遇○先生
真的呀？
還能聊聊天
夫妻間的關係
變得更和諧

利用浮力，即可離開浴缸

照顧者一起進入浴缸和離開浴缸時，過程都很簡單。離開浴缸的步驟與進入時正好相反，只要利用浮力，同時隨著整個膝蓋站起即可；所以，**由妻子照護丈夫時，離開浴缸的過程會比較簡單，與由丈夫照護妻子時的狀況相反。**

一起離開浴缸的方法

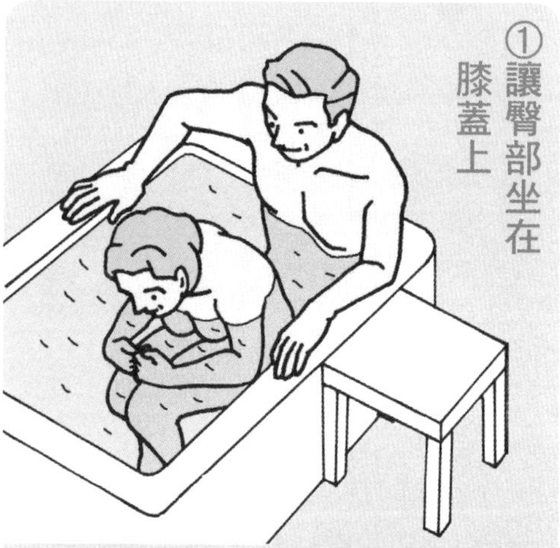
①讓臀部坐在膝蓋上

準備站起前，確認妻子的臀部坐在丈夫的膝蓋上。

↓

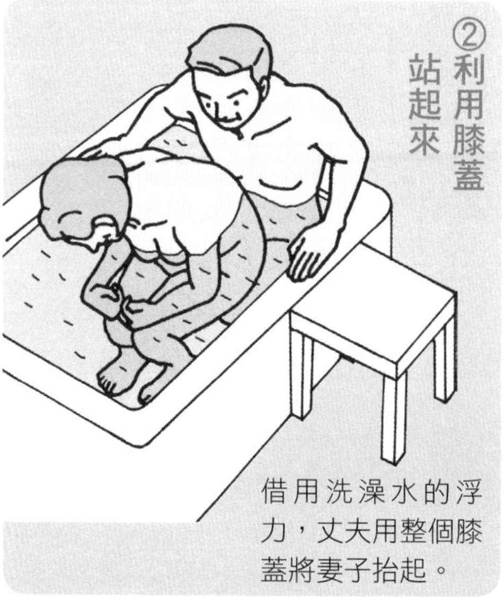
②利用膝蓋站起來

借用洗澡水的浮力，丈夫用整個膝蓋將妻子抬起。

③引導至沐浴椅

扶著妻子的臀部，從浴缸引導至沐浴椅。

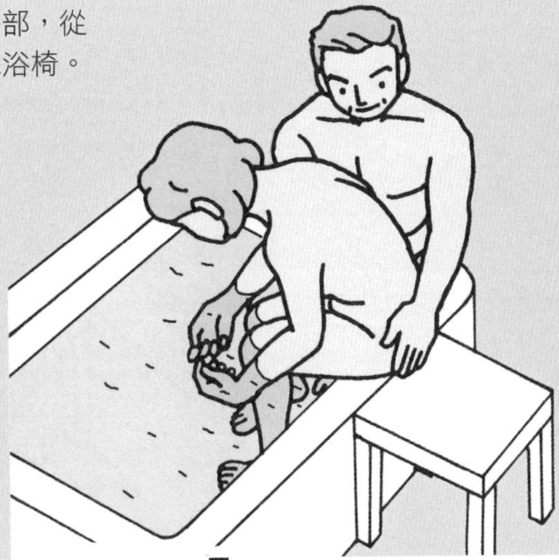

④單腳離開浴缸

扶著妻子的背後，以免她往後傾倒，同時將單腳移出浴缸。

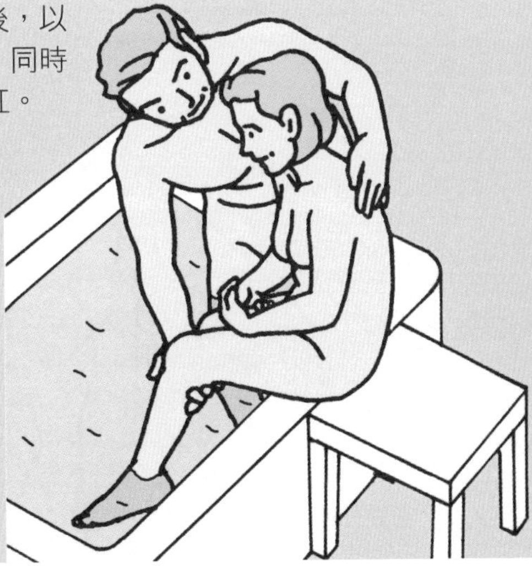

接下頁

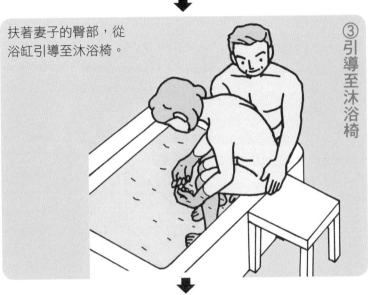

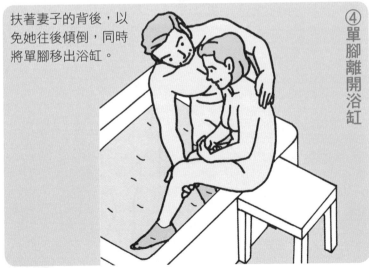

一起離開浴缸的方法

接上頁

⑤另一隻腳離開浴缸

繼續扶著妻子背後，將另一隻腳也移出至浴缸外。

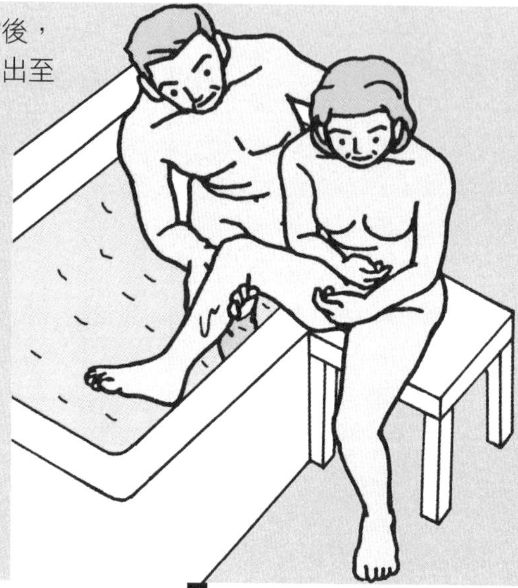

⑥丈夫也離開浴缸

確認妻子的雙腳都碰觸到浴室地面後，丈夫也離開浴缸。

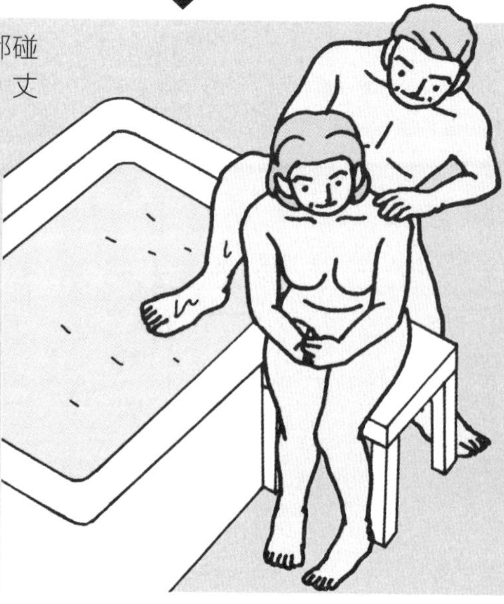

這種沐浴方法，對於協助罹患失智症的年長者而言，非常好用。失智症一旦惡化後，洗澡時常會不知所措，覺得很麻煩，甚至無法接受只有自己一人將衣服脫光，因此排斥脫衣，內心會隱藏許多不為人知的理由。這些「個人的想法」，通常只要照顧者一起沐浴即可解決。

此外，若遇到罹患失智症、自尊心強烈的年長者，如果照顧者可以假借「不知道怎麼洗澡，想請年長者指導」的理由，讓年長者產生「非我不可」的感覺，就能讓沐浴過程變得更順利。所以，**雙人共浴也是讓彼此關係更圓滑的聰明方法之一**。

如何改變排斥沐浴的想法
母親除了半身麻痺，還有輕微失智症
我不要！
她特別排斥洗澡
可是……
我說不要
不要洗澡！
每天都是一場混戰
不過～
不然我們一起洗吧？
一起洗就會乖乖配合了
大概是感到不好意思吧？

Q18

協助母親沐浴時，我常忐忑不安，能否傳授訣竅呢？

母親因為大腦疾病導致半身麻痺，還曾在家門口撞到自行車造成骨折。因此，她的手腳變得非常無力，個性多慮膽怯，想法消極。如今，協助母親沐浴變得很棘手，就連請她進入浴缸，她也會害怕到不敢跨入。好不容易進入浴缸了，她卻因為害怕，身體馬上就東倒西歪。

面對如此膽小的母親，請問有沒有協助沐浴的好方法呢？

A

由於妳母親非常膽小，身為女兒的妳照護時一定吃盡苦頭吧？我確實遇過年長者因為害怕，一泡進洗澡水後，雙手便緊握不放的狀況。協助沐浴時，如果被照顧者忐忑不安，協助時會變得很棘手。

不過，即使被照顧者並未特別害怕，在放滿洗澡水的浴缸裡，其實仍然需要一些技巧，否則的確不易維持姿勢。對於肌力衰退的人而言，雖然可以好好運用浮力，卻也會讓人坐不穩、往上浮起，或是往後傾倒。

進入浴缸後若想保持姿勢，記得身體要往前傾，再用腳底頂著前方缸壁。

入浴時，如何穩定姿勢？

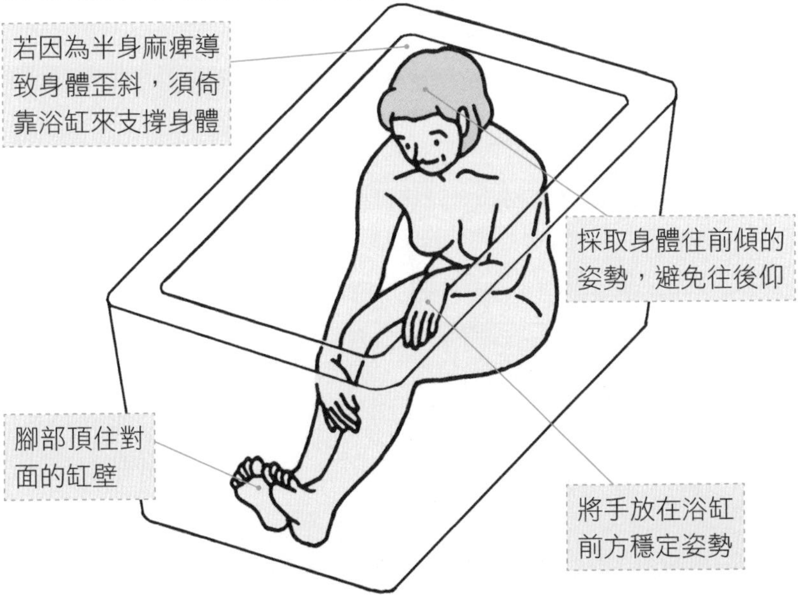
若因為半身麻痺導致身體歪斜，須倚靠浴缸來支撐身體
採取身體往前傾的姿勢，避免往後仰
腳部頂住對面的缸壁
將手放在浴缸前方穩定姿勢

透過雙手攙扶，進入浴缸

雙腳完全無力，或恐懼感強烈的人，建議採用「雙手攙扶進入浴缸」的方式。先抓住浴缸邊緣，**接著只須將手一直抓著此處，就能進出浴缸，所以被照顧者也會感到安心。**

姿勢不穩定時，如何進入浴缸？

①將健全側的腳放入浴缸

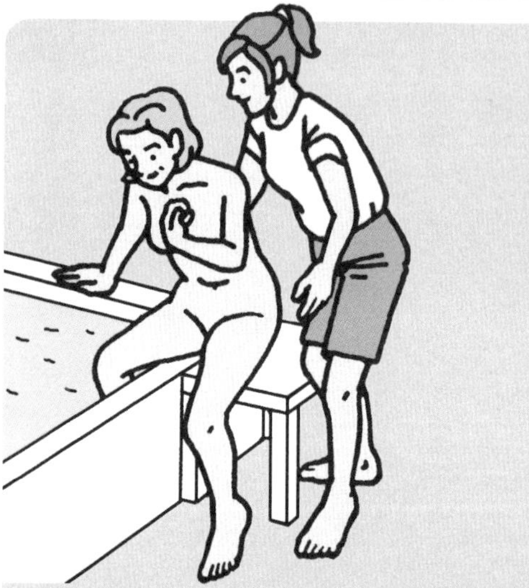

請年長者自行將健全側的腳跨進浴缸，此時照顧者須從背後扶著，避免往後倒。

②將麻痺側的腳放入浴缸

照顧者的手一直從背後扶著，並將麻痺側的腳抬起，慢慢放入浴缸。

③扶著臀部

等被照顧者的雙腳完全觸碰到浴缸底部後，雙手扶著被照顧者的臀部。

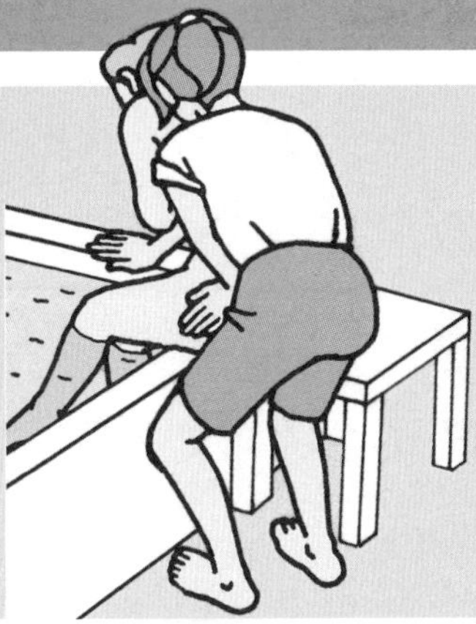

④引導至浴缸

請被照顧者將身體往前傾，採取類似將臀部往前推的動作，協助被照顧者將臀部浸入水中。

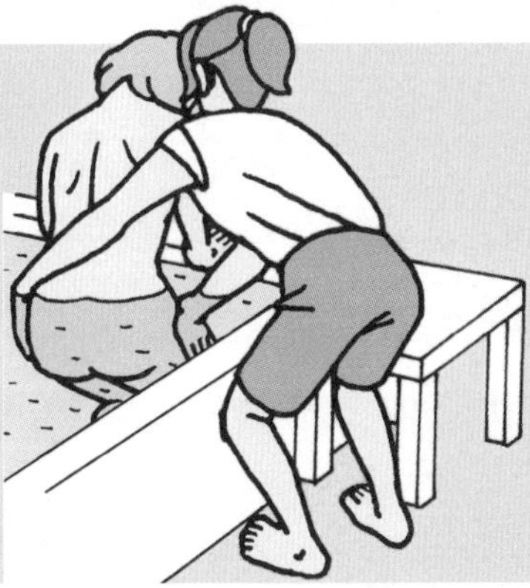

⑤進入浴缸

保持身體往前傾的姿勢，利用洗澡水的浮力，慢慢將身體往下移至浴缸內。

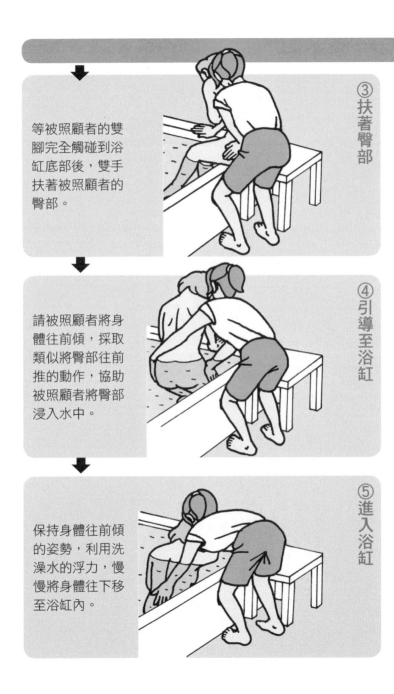

先把臀部往前推，再離開浴缸

利用前述方法進入浴缸後，雙腳由始至終都會頂住浴缸壁面，因此在洗澡水中也能保持固定的姿勢。離開浴缸時，與一般的協助方式相同，但切記勿將臀部往上抬高，須留意並將臀部往前推。

姿勢不穩定時，如何離開浴缸？

①扶著臀部

請被照顧者在浴缸內採取前傾姿勢，照顧者再以雙手扶住被照顧者的臀部。

②臀部往前推

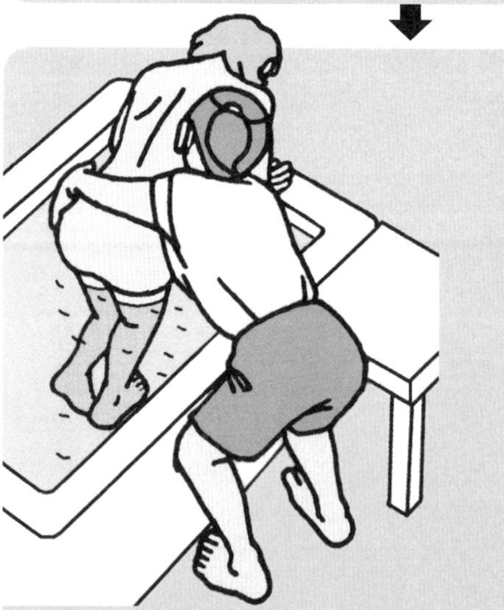

保持身體前傾的姿勢，照顧者採取類似將臀部往前堆的動作，將臀部抬高。

③引導至沐浴椅

待臀部浮起後，引導至沐浴椅的位置。

④協助麻痺側的腳離開浴缸

將臀部往後拉，讓被照顧者在沐浴椅上坐穩後，將麻痺側的腳抬高，慢慢從浴缸內離開。

⑤協助健全側的腳離開浴缸

照顧者從背後扶著以免往後倒，請被照顧者自行將健全側的腳跨出浴缸。

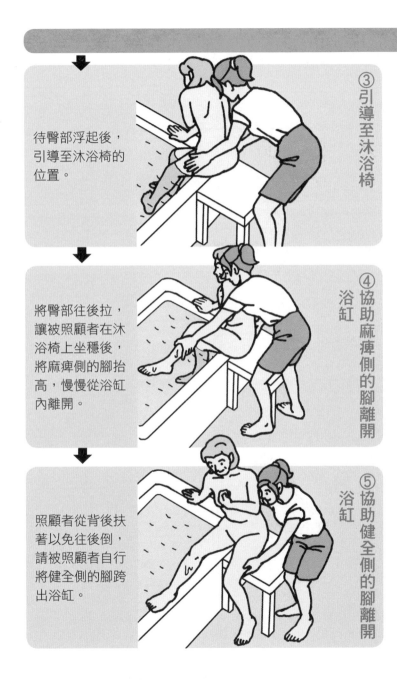

HealthTree
健 康 樹 健康樹系列 087

爸媽行動不便，我該如何好好照顧他？

學習 18 個兼顧人性化考量的飲食・排泄・沐浴・更衣・翻身照護技巧

在宅介護応援ブック 介護の基本Q&A

作　　者　三好春樹・東田勉
譯　　者　蔡麗蓉
總 編 輯　何玉美
副總編輯　陳永芬
封面設計　張天薪
內文排版　菩薩蠻電腦科技有限公司
繪　　圖　秋田綾子

出版發行　采實出版集團
行銷企劃　黃文慧・陳詩婷
業務發行　林詩富・張世明・何學文・吳淑華・林坤蓉
印　　務　曾玉霞
會計行政　王雅蕙・李韶婉
法律顧問　第一國際法律事務所　余淑杏律師
電子信箱　acme@acmebook.com.tw
采實官網　http://www.acmebook.com.tw/
采實粉絲團　http://www.facebook.com/acmebook

I S B N　978-986-94528-8-5
定　　價　300 元
初版一刷　2017 年 5 月
劃撥帳號　50148859
劃撥戶名　采實文化事業有限公司
10479 台北市中山區建國北路二段 92 號 9 樓
電話：(02)2518-5198
傳真：(02)2518-2098

國家圖書館出版品預行編目(CIP)資料

爸媽行動不便，我該如何好好照顧他？ / 三好春樹、東田勉作；蔡麗蓉譯. -- 初版. -- 臺北市：采實文化, 民 106.05
面；　公分. --(健康樹系列；87)
譯自：在宅介護応援ブック：介護の基本Q&A
ISBN 978-986-94528-8-5(平裝)
1.居家照護服務　2.家庭護理　3.老人養護

429.5　　106004040

采實出版集團
ACME PUBLISHING GROUP

版權所有，未經同意不得
重製、轉載、翻印

<<ZAITAKU KAIGO OUEN BUKKU　KAIGO NO KIHON Q&A>>
© Haruki Miyoshi 2015
All rights reserved.
Original Japanese edition published by KODANSHA LTD.
Complex Chinese publishing rights arranged with KODANSHA LTD.
through KEIO CULTURAL ENTERPRISE CO., LTD.
本書由日本講談社授權采實文化事業股份有限公司發行繁體字中文版，版權所有，
未經日本講談社書面同意，不得以任何方式作全面或局部翻印、仿製或轉載。